科学新导向丛书

海洋生物：
海中传奇

姜忠喆◎编著

成都时代出版社

图书在版编目(CIP)数据

海洋生物:海中传奇/姜忠喆编著. —成都：
成都时代出版社，2013.8(2018.8 重印)
(科学新导向丛书)
ISBN 978－7－5464－0910－8

Ⅰ.①海…　Ⅱ.①姜…　Ⅲ.①海洋生活－青年读物②
海洋生物－少年读物　Ⅳ.①Q178.53－49

中国版本图书馆 CIP 数据核字(2013)第 140155 号

海洋生物:海中传奇
HAIYANGSHENGWU:HAIZHONG CHUANQI
姜忠喆　编著

出 品 人　石碧川
责任编辑　陈余齐
责任校对　郭小娟
装帧设计　映象视觉
责任印制　唐莹莹

出版发行　成都时代出版社
电　　话　(028)86621237(编辑部)
　　　　　(028)86615250(发行部)
网　　址　www.chengdusd.com
印　　刷　北京一鑫印务有限责任公司
规　　格　690mm×960mm　1/16
印　　张　14
字　　数　210 千
版　　次　2013 年 8 月第 1 版
印　　次　2018 年 8 月第 2 次印刷
书　　号　ISBN 978－7－5464－0910－8
定　　价　29.80 元

前 言

提起"科学"，不少人可能会认为它是科学家的专利，普通人只能"可望而不可即"。其实，科学并不高深莫测，科学早已渗入到我们的日常生活，并无时无刻不在影响和改变着我们的生活。无论是仰望星空、俯视大地，还是近观我们周围事物，都处处可以发现有科学之原理蕴于其中。即使是一些司空见惯的现象，其中也往往蕴涵深奥的科学知识。科学史上的许多大发明大发现，也都是从微不足道的小现象中生发而来：牛顿从苹果落地撩起万有引力的神秘面纱；魏格纳从墙上地图揭示海陆分布的形成；阿基米德从洗澡时溢水现象中获得了研究浮力与密度问题的启发；瓦特从烧开水的水壶冒出的白雾中获得了改进蒸汽机性能的想象；而大名鼎鼎的科学家伽利略从观察吊灯的晃动，从而发现了钟摆的等时性……所以说，科学就在你我身边。一位哲人曾说："我们身边并不是缺少创新的事物，而是缺少发现可创新的眼睛。"只要我们具备了一双"慧眼"，就会发现在我们的生活中科学真是无处不在。然而，在课堂上，在书本上，科学不时被一大堆公式和符号所掩盖，难免让人觉得枯燥和乏味，科学的光芒被掩盖，有趣的科学失去了它应有的魅力。常言道，兴趣是最好的老师，只有培养起同学们对科学的兴趣，才能激发他们探索未知科学世界的热忱和勇气。

科学是人类进步的第一推动力，而科学知识的普及则是实现这一推动的必由之路。在新的时代，社会的进步、科技的发展、人们生活水平的不断提高，为我们青少年的科普教育提供了新的契机。抓住这个契机，大力普及科学知识，传播科学精神，提高青少年的科学素质，是我们全社会的重要课题。

《科学新导向丛书》内容包括浩瀚无涯的宇宙、多姿多彩的地球奥秘、日新月异的交通工具、稀奇古怪的生物世界、惊世震俗的科学技术、源远流长的建筑文化、威力惊人的军事武器……丛书将带领我们一起领略人类惊人的智慧，走进异彩纷呈的科学世界！

丛书采用通俗易懂的文字来表述科学，用精美逼真的图片来阐述原理，介绍大家最想知道的、最需要知道的科学知识。这套丛书理念先进，内容设计安排合理，读来引人入胜、诱人深思，尤其能培养科学探索的兴趣和科学探索能力，甚至在培养人文素质方面也是极为难得的中学生课外读物。

海洋中生活着形形色色的生物，本书《海洋生物：海中传奇》对于每个热爱大自然的人——无论是孩童还是家长来说，都是多彩、神秘、令人好奇而乐于探究的。本书用最简洁的语言、逼真的图画，勾勒出一幅幅不同动物家族有趣的生活场景。

阅读本丛书，你会发现原来有趣的科学原理就在我们的身边；

阅读本丛书，你会发现学习科学、汲取知识原来也可以这样轻松！

今天，人类已经进入了新的知识经济时代。青少年朋友是 21 世纪的栋梁，是国家的未来、民族的希望，学好科学是时代赋予我们的神圣使命。我们希望这套丛书能够激发同学们学习科学的兴趣，消除对科学冷漠疏离的态度，树立起正确的科学观，为学好科学、用好科学打下坚实的基础！

目　　录

第一章　海底生物部落

第二章　海洋生物之谜

第一章

海底生物部落

不同环境下的海洋生物

有人曾经做过统计，地球上的生物共有 50 万种以上，而在海洋中就占了接近一半。在浩瀚的海洋中，那些生活在这里的海洋生物将会怎样生存下去呢？

由于海洋环境要比陆地上复杂得多，因此，一般的海洋生物要比陆地生物的繁殖能力强。它们的求偶方式、繁殖方式，也都非常巧妙。即使是这样，在众多的海洋生物群落中，也只有少数强壮的在适应了其生存环境之后才存活下来。这是因为，在海洋里，由于光线、压力、盐度、海流、潮汐、波浪、营养盐以及地质等条件的不同，形成了千差万别的生存环境。在各种环境中，不管是什么样的生物，只要它活下来，就表明它对周围环境就已经产生了惊人的适应能力。当然，这种适应能力不是无限的，当环境由于外来因素发生突然变化时，超过其生物的生理允许限度，这些生物如果不逃亡，便只有死亡。

从另一个方面看，在众多的海洋生物群体之间，也有一个相互间适应的生存需要。这种互为依存的生存需要，是在食物链关系下生存的。这种关系经历了漫长的演变和进化过程，形成了相对稳定的结构，保护着生态平衡状态。在不同的海洋环境中，有着完全不同类型的生态系。例如，在潮间带有各种生物组成的潮间带生态系统。这一个个生态系在它们适应了自身的生活环境之后组织起来，这就是整个海洋的生态系。

在海洋中，海水的性质决定了海洋生物的丰富和特点，而它在海洋中的每个角落是不一样的。阳光在开阔的海洋中辐射入海水的深度大于数百米，而在混浊的沿岸水域中，辐射深度只有数十米，所以在光层下面一直到数千米的海底则是漆黑的一片。

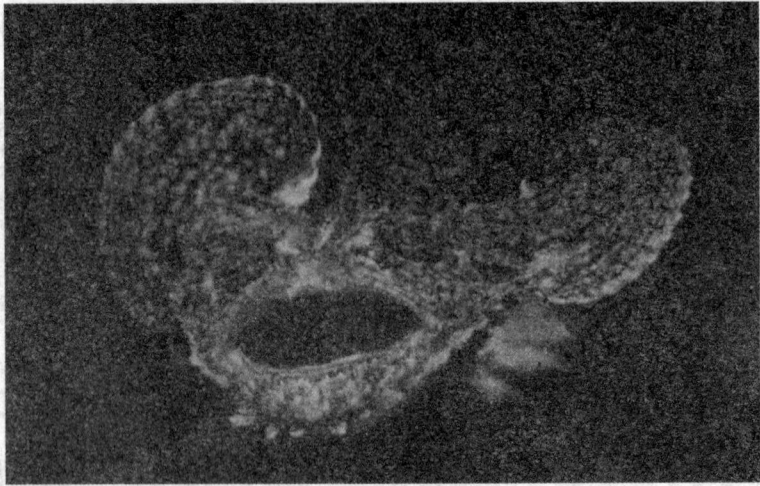

生活在海洋深处的灯笼鱼

此外，生物的形态、习性和颜色随深度而变化是很明显的，所以每一水层中的生物有共同的特性。在表层十几厘米的水层里，有食肉的蓝色甲壳纲动物、软体动物和管水母。往下是弱光层，颜色发红和发黑的动物取代了透明的无脊椎动物。再往下，是漆黑的深海区，它的光线来自底栖鱼类如鱿鱼、灯笼鱼的发光器官。生活在海底上的生物也是随深度变化而变化，从大陆架到大陆坡直到深海底。在泥质海底上以掘穴动物为主，而在深海软泥海底则以鱼、甲壳纲动物和海参为主。对于那些从海水中吸吮悬浮物质为生的鱼类来说，其数量与深度成反比；而对于那些从海底沉积物中觅食为生的鱼来说，则能生活在很深的海底。

有人做过统计，地球上的生物有50万种以上，可分为动物、植物和微生物三大类。海洋中有18万多种动物，2万多种植物，总共20多万种。有趣的是：陆地上植物类比动物种类多，而海洋中则相反，动物的种类比植物种类多。

海洋食物链

对于海洋生物，无论是种群类，还是它们各自种群的数量，都是非常之大的。到目前为止，谁也无法用确切的数字，阐明海洋有多少个体的生物。不难看出，海洋生物之间关系是何等复杂。那么，有没有什么方法来表达生物种群的关系呢？

非常有趣的是，在海洋中，各种生物种群的食物关系，呈食物金字塔的形式。先是植物、细菌或有机物，然后是食植性动物至各级食肉性动物，这样依次形成摄食者的营养关系，这种关系被称为"海洋食物链"。有时候它也被称做"营养链"。由于在海洋生物群落中存在着从低级到高级的层级关系，而且物质和能量能够在各个环节进行转换与流动，所以在海洋生态系统中的物质循环和能量流动总是在不断地发生着。

这种金字塔式的食物链底座很大，每上一级都缩小很多：第一级是由数量惊人的海洋浮游植物构成的，是食物链金字塔的最基础部分，它们通过光合作用生产出碳水化合物和氧气，是海洋生物生长的物质基础；食物链的第二级是海洋浮游动物，它们以海洋浮游植物为食；第三是摄食浮游动物的海洋动物；第四级则是海洋中的食肉类动物。比如金枪鱼、鲨鱼等，它们处在金字塔的最高层，不过它们的数量也是最少的。这个过程，就是我们时常说的"大鱼吃小鱼，小鱼吃虾米，虾米吃沙泥（浮游生物）"的形象概括。

在海洋中生活着数10万种动物，在这些动物中，除虎鲸和鲨鱼等凶猛的食肉动物之外，绝大多数的鱼类都是"和平共处"，相安无事，因此，海洋动物实际上是地球上种类和数量最多的动物。说起来令人难以置信，地球上最大的动物——鲸类（须鲸），是以海洋中几乎是最小的动物——小鱼和磷虾为食。这看上去似乎有些不合情理，但是，细细研究一下它们之间的特殊关系，

鲨鱼是仅次于虎鲸的海洋二号霸主，它对整个海洋食物链的平衡起着调整作用

又觉得这是情理之中的事。在海洋中，磷虾不仅数量巨大，而且聚集在一起密度也很高。它们似乎是按照某种"指令"，聚集成一团又一团，专等须鲸来食用。否则的话，身躯庞大的须鲸，整日在茫茫海洋中，疲于奔命，寻找捕获食物，无论如何是无法填饱肚子的。同样，磷虾以其顽强的生命，特有的繁殖力，建立起最为庞大的密集群体，源源不断为须鲸提供食物。这一切，似乎是经过上帝精心设计安排好的。亿万年来，这种奇特的金字塔式的生物种群间的关系，维系海洋生物种群间的生命存在方式。

　　与陆地上食物链相比，海洋中各种生物建立起的食物链是非常有效的。海洋食物链在通常情况下，比陆地食物链具有更多环节。实际上，无论是陆地，还是海洋里，生物之间的食物链并非是那么单纯，而是极为复杂的，正是出于这一点，生物学家赞成使用海洋食物网概念。

低等海洋生物

古老而原始的生命在经历前后近 20 亿年的进化之后，到距今约 19 亿年前开始出现第一次繁荣，其标志是细菌与蓝藻的大发展，并且出现了真核生物。真核生物的出现标志着生命细胞结构的完善，现代生命都是从 19 亿年前真核生物出现的原点上辐射进化而来的。

最初我们要从原核生物说起。距今约 32 亿年前，在原始海洋里，已经出现了细菌和简单藻类的单细胞生物。如至今还广泛生活的蓝藻，仍然保留着当初那种原核生物状态。蓝藻的细胞里含有叶绿素，能够进行光合作用，合成蛋白质，放出氧气。

藻类进行光合作用，放出大量氧气，地面上形成臭氧层，减弱了日光中紫外线对生物的威胁，使水生生物有可能发展到陆地上来，也为低等动物的兴起提供了食物。一部分原始有鞭毛生物，后来逐渐失去光合作用的能力，增强了运动和摄食的本领，于是就产生了最早的原生动物，像现今还保留着 10 多亿年前原始状态的变形虫等。有孔虫也是一类古老的原生动物，5 亿多年前就产生在海洋中，至今种类繁多。由于有孔虫能够分泌钙质或硅质，形成外壳，而且壳上有一个大孔或多个细孔，以便伸出伪足，因此得名"有孔虫"。有孔虫是海洋食物链的一个环节，它的主要食物为硅藻以及菌类、甲壳类幼虫等，个别有孔虫的食物是砂粒。此外，有孔虫是浮游生物中重要的组成部分，也是大多数海洋生物重要的食物来源。

有的有鞭毛的单细胞生物，如裸藻，能利用鞭毛不停地转动在水中运动，还有个能感光的眼点，因此人们叫它"眼虫"，说它是动物。但是它又有叶绿素，能利用阳光进行光合作用，为自己制造食物，又是毫不含糊的植物。这

寒武纪的"生命大爆炸"时期，现代生物的许多雏形都"爆炸"似的出现了

种既像动物又像植物具有双重性的现象，充分证明了动植物的共同祖先，就是如同眼虫之类的远古时代的原始单细胞生物。

后来，到距今18亿~13亿年前这一段时间里，出现了有细胞核的真核生物——绿藻。以后接着又有了红藻、褐藻、金藻……它们组成了绚丽多彩的藻类世界。

最终，由于细胞结构的不断分化，导致了营养方式上的一分为二：一支发展自己具有制造养料的器官（如叶绿体），朝着完全"自养"方向发展，成了植物；另一支则增强运动和摄食本领以及发达的消化机能，朝着"异养"方向发展，成了动物。

无脊椎动物

　　最早在海洋里出现的动物是无脊椎动物。5 亿～1.3 亿年前，地球上浅海广布，水生动物大发展，成为无脊椎动物的全盛时期。这些水生动物的最大特点，是细胞有了分工从而形成了各种器官。这时的海洋世界热闹非凡。它们最初生活在海洋里，以后又向陆地上的江河湖泊和沼泽过渡，最终发育出气管、肺、翅膀等适应陆上呼吸和飞行的器官，终于登陆上岸繁衍生息，这就为后来陆生脊椎动物的出现开辟了道路。

　　首先，海绵是最简单的无脊椎动物，由一群无差别的细胞组成。海绵的体壁有内、外两层，海水从它们的身体里通过时，其中的微生物和氧气就被吸收了。大多数海绵具有骨架，有些海绵的骨架由硅构成，且比光缆构造更加完美，可以说是大自然首先"发明"了光缆。

三叶虫复原图

其次，蠕虫也是一大类十分低等的海洋无脊椎动物。它们的身体长而柔软，全身上下没有骨骼。在海洋生物的演化过程中，蠕虫是比较原始的种类。不过它们比更原始的多细胞动物已经有了划时代的进步。那就是，蠕虫的身体已经有了前端和后部的区分。从海洋到陆地，从咸水到淡水到处都有蠕虫的分布。它们的数量不但多，而且还会发光。当年哥伦布第一次接近北美海岸的时候，曾经记录下"海中游动的烛光"。其实，哥伦布看到的是多毛类蠕虫的交配仪式。这种小型蠕虫每年盛夏之夜月圆的时候，会连续几夜游到海面上，像参加集体婚礼一样，举行繁殖的典礼。

三叶虫也是具有代表性的一种无脊椎动物。它是一种已经灭绝了的节肢动物，全身分为头、胸、尾三部分，背甲坚硬，被两条纵向深沟割裂成大致相等的3片，所以叫做"三叶虫"。它们生活在远古海洋中，主要出现在寒武纪，延续到二叠纪末期时灭绝。三叶虫既会游泳，又善于爬行，所以从海底到海面，都在它的势力范围之内。

最后，值得一提的是菊石。它是一种已经灭绝了的软体动物，它们最早出现在古生代泥盆纪初期，繁盛于中生代，广泛分布于世界各地的三叠纪海洋中。

菊石是由鹦鹉螺（现在仍然存活在深海中）演化而来的，与鹦鹉螺的形状相似，体外有一个硬壳，主要成分为碳酸钙，大小差别很大，壳为几厘米或者十几厘米，最小的仅有1厘米，最大的比农村的大磨盘还要大。壳的形状也是多种多样，有三角形的、锥形的和旋转形的，等等。旋转形的壳在菊石中占绝大多数。

水 母

在海洋里有这样一种非常漂亮的水生动物。它们虽然没有脊椎，但身体却非常庞大；它们没有固定的形状，有些像一把撑开的雨伞，有些像一枚银币；它们常常成群出没，闪耀着微弱的淡绿色或蓝紫色光芒，有的还带有彩虹般的光晕……它们紧密地生活在一起，像一个整体似的漂浮在蔚蓝的海面上，而它们就是水母。

水母身体的主要成分是水，并由内外两胚层所组成，两层间有一个很厚的中胶层，不但透明，而且有漂浮作用。它们在运动之时，利用体内喷水反射前进，远远望去，就好像一顶圆伞在水中迅速漂游。伞状体直径有大有小，大水母的伞状体直径可达 2 米。当水母在海上成群出没的时候，紧密地生活在一起像一个整体似的漂浮在海面上，显得十分壮观。

许多水母都能发光。它们细长的触手向四周伸展开来，跟着海水一起漂动，色彩和游泳姿态美丽极了。水母的伞状体内有一种特别的腺，可以发出一氧化碳，使伞状体膨胀。而当水母遇到敌害或者在遇到大风暴的时候，就会自动将气放掉，沉入海底。海面平静后，它只

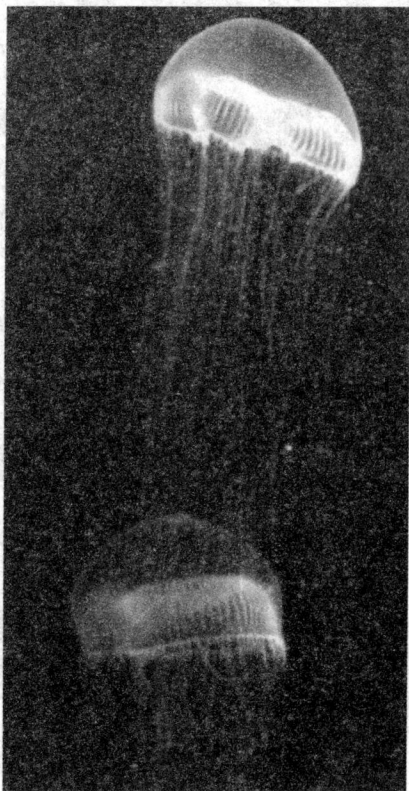

水母

需几分钟就可以生产出气体让自己膨胀并漂浮起来。栉水母在海中游动时，8条子午管可以发射出蓝色的光，发光时栉水母就变成了一个光彩夺目的彩球。水母发光靠的是一种叫"埃奎明"的奇妙的蛋白质，这种蛋白质和钙离子相混合的时候，就会发出强蓝光束。目前新加坡的生物学家正在进行一种实验，把水母身上的发光基因移植到其他鱼类的体内。

别看水母在水里非常美丽、自在，可是没有水它就无法生存。水母身体含水量达98%，它进食、消化、排泄都必须在水中才能完成。没有水，水母的身体就会变小且变得很难看，因此，可以说水母是"水做的动物"。

水母虽然长相美丽温顺，其实却十分凶猛。在伞状体的下面，那些细长的触手是它的消化器官，也是它的武器。它的触手上布满刺细胞，像粘在触手上的一颗颗小豆。这种刺细胞能射出有毒的丝，当遇到"敌人"或猎物时，就会射出毒丝，把"敌人"吓跑或将其毒死。

几年前，美国《世界野生生物》杂志综合各国学者的意见，列举了全球最毒的10种动物，名列榜首的是生活在海洋中的箱水母。箱水母又叫"海黄蜂"，主要生活在澳大利亚东北沿海水域。一个成年的箱水母，触须上有几十亿个毒囊和毒针，足够用来杀死20个人。

就像犀牛和为它清理寄生虫的小鸟共存一样，水母也有自己的共生伙伴。那是一种小牧鱼，体长不过7厘米，可以随意游弋在水母的触须之间，吞掉栖身在水母身上的小生物。

软体动物

海洋中的软体动物，俗称海贝。海贝不仅种类繁多，而且分布极广，寒、温、热三个海域，上、中、下三层水深，都有它们的踪迹。尽管海贝的形状各不相同，色彩各异，生活习惯不一，但总的来说，它们的共性是身体柔软不分节，由头、足、内脏、外套膜和贝壳五部分组成。

海螺、扇贝、牡蛎、珍珠贝等等，这些生活在海中的贝类，都长着色彩纷呈、形状各异的壳，看上去非常坚硬，事实上，它们都属于软体动物。它

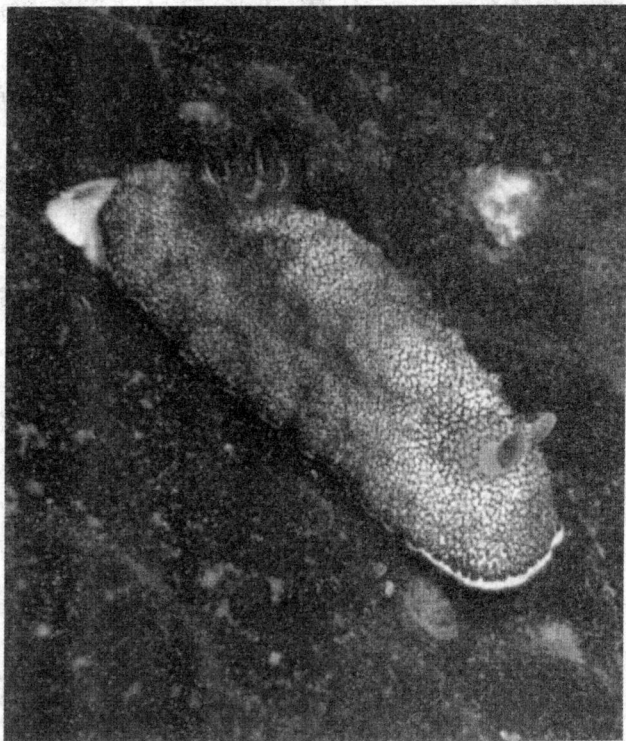

海兔

们柔软的身体表面有一层外套膜，能产生富含钙质的液体，贝类的外壳就是这样形成的。由于绝大部分海贝都不会游泳，所以它们便经常会攀附在海边的岩石、珊瑚礁上，或是将身体埋进沙中栖息。还有很多贝类贴在海龟、海蟹的壳上，或是贴在海船壁上，随着它们四处漂泊。

五彩缤纷、千姿百态的海贝世界是那么的令人向往。例如，形如扇面的扇贝；素有"贝王"之称的砗磲贝；世上稀有之宝玛瑙贝；洁白如玉兰的白玉贝；雪白似银的日月贝；还有珍珠母贝和珠耳贝、贻贝、沙蛤、花蛤、西施舌、蚶、蛎、米螺、角螺、伞螺等等，不下十余万种。仅是听这些别致的名字，你就知道它们有多么漂亮。

这其中的扇贝是海中唯一会"游泳"的贝类。遇到敌人时，它会迅速从壳中喷出一股强劲水流，借助水流的反作用力，扇贝能在瞬间逃离危险。过去常常传说有潜水者被巨砗磲蛤捉住的故事，这真是天大的冤枉。尽管巨砗磲蛤强而有力的肌肉将双壳完全合住时，几乎没有人可以将它分开，但是因为它的边缘总是覆盖了厚厚的一层藻类，所以根本无法完全闭合。而且它关闭时的速度非常慢，即使不小心把脚放了进去，也完全来得及从容抽出。此外，还有一种海贝以气体为食，它是生活在墨西哥湾中的贻贝。在贻贝栖息的海底，有大量的油性沉积物甲烷从这里冒出来。贻贝体内的一种细菌能将甲烷变成能量，贻贝就以此为生，它也因此而被叫做"甲烷贻贝"。

除了海贝以外，还有一种名为"海兔"的软体动物。海兔是一种与陆地上的兔子相去甚远的海洋软体动物，它们的色彩十分艳丽，身体柔软，软体部分肥厚而扁平。它们能分泌出一种剧毒的化学物质，危急时刻释放出这种带酸味的乳状液体，麻痹天敌的神经系统。当海兔遇见天敌时，还会释放出紫红色的烟幕，迷惑对手，让自己安全逃跑。

现在，你该知道海洋里的软体动物是多么的丰富多彩了吧！

头足类动物

在无脊椎动物里，体型最大的、游得最快的和头最大的都是头足类动物。远古头足类动物的壳是凸出的，现在缩小了很多。这种海洋动物的共同特点，是由一个管子（体管）连在一起的多室外壳，并且都生活在海洋中。除此以外，头足类动物可用身体和腕的移动，以及身体颜色的变化来互相沟通。它们的皮肤下有很多色素细胞，而色素的分量及分布则由满布于四周的肌肉细胞所控制，使头足动物身体的颜色可以在数秒间变化。

鹦鹉螺是现存最古老、最低等的头足类动物，头足类动物在古生代志留纪地层中的种类特别繁多，达3 500余种，它们都有着不同形状的贝壳，但绝大多数种类都已经灭绝了，生存至今的只有鹦鹉螺、大脐鹦鹉螺和阔脐鹦鹉螺3种，所以人们称之为"活化石"。

章鱼也是头足类动物。它生活在海底或者藏在岩石的缝隙里，通过8只条腕（触角）爬行或者游泳，也可以借助于身体前方的漏斗喷水时的推动力在海底任意行动。此外，章鱼还是一种很聪明的动物。它能在为它专门设置的曲折迷宫里，迅速摸清路径，找到藏着的食物。有人做过试验，把大龙虾放在玻璃瓶中，瓶口用软木塞紧紧塞住。章鱼几经试探，就用触手拔出软木塞，享受新鲜的大龙虾肉。

乌贼又叫"墨鱼"，是生活在远洋深海里的头足类动物。它的头部有一个漏斗，不仅是生殖、排泄和墨汁的出口，还是重要的运动器官。当它紧缩身体时，口袋状身体里的水就能从漏斗中急速喷出，借助反作用力迅速前进。由于漏斗平时总是指向前方，所以乌贼后退就是前进。除了这些，它还有一套释放烟幕的绝技。乌贼的体内有一个墨囊，其中的墨腺能够分泌墨汁。遇到危险，墨囊收缩，放出墨汁是它欺骗敌人，自己趁机溜之大吉的法宝。还

章鱼

有一些乌贼是动物里最会变色的，通过变色来伪装自己，或者吸引配偶，或者吓退竞争者。

鱿鱼与乌贼是亲戚。它的头部两侧有一对发达的眼睛，颈部很短，体内的两片腮是它的呼吸器官。鱿鱼是海洋里的顶级游泳健将，流线型的身体，一侧长有鳍，它通过拍打鳍可以向头部或者尾部的方向移动，还会喷出水来帮助自己更快速地移动。大多数鱿鱼生活在远海，有一些住在深海里。大王乌贼是最大的鱿鱼，体长可达 21 米，甚至更大。它的嘴部能够抓紧钢缆，加上强而有力的触须，很多海洋生物都难逃它的"魔掌"。有时，就连体型巨大的抹香鲸也不放过，但大多数的时候以抹香鲸的胜利而告终。

腔肠动物

腔肠动物在分类学上属于低等的后生动物，它们全部生活在水中，是构造比较简单的一类多细胞动物。腔肠动物具有两种特殊的细胞，一种叫"间细胞"，一种叫"刺细胞"。间细胞可以变化形成其他细胞，如形成肌肉细胞、神经细胞等。刺细胞是一种可以放出刺丝，具有捕杀猎物和防御敌害功能的细胞。由于刺细胞是腔肠动物所特有的，它遍布于体表，触手上特别多，因此腔肠动物又被称做"刺胞动物"。

腔肠动物的身体由内胚层和外胚层组成，因其由内胚层围成的空腔具有消化和水流循环的功能而得名。腔肠动物是真正的双胚层多细胞动物，在动

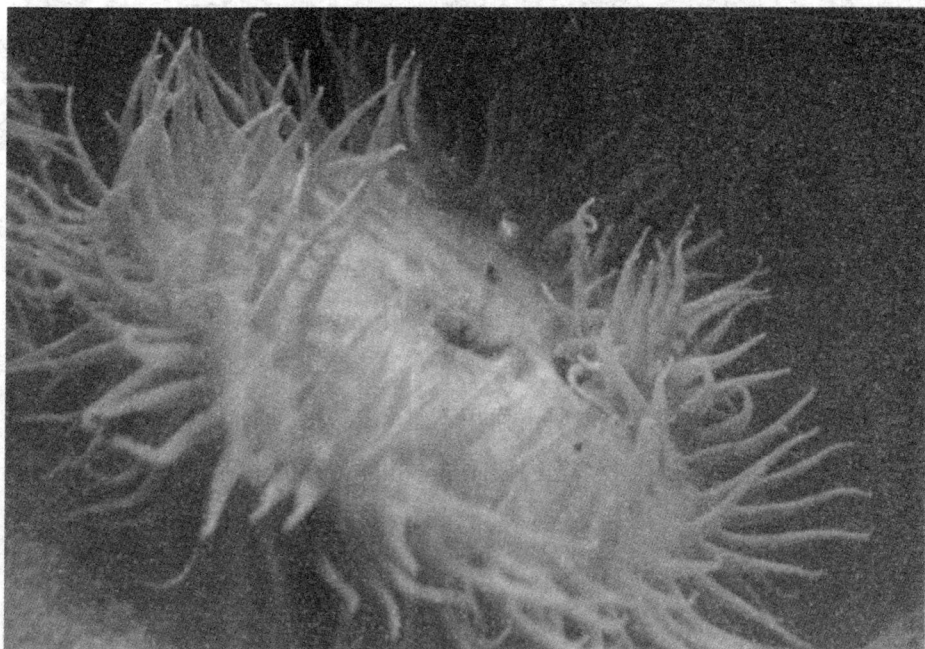

海葵

物进化史上占有重要地位，所有高等的多细胞动物，都被认为是经过这种双胚层结构而进化发展生成的。它只有一个口孔与外界相通，进食与排泄都由这个口进出。常见的腔肠动物有海蜇、海葵、珊瑚等。海葵一般为单体，没有骨骼，身体呈圆柱形。一端有口，呈裂缝形，周围部分有几圈触手；另一端附着于海中岩石或其他物体上。因为外形似葵花而得名。它利用触手上的刺细胞使鱼麻痹，但海葵鱼常在海葵中间穿梭游动，却丝毫不在乎这一点，因为它们的皮肤可分泌出一种具有保护作用的黏液，使它们在海葵丛中畅通无阻。海葵除了依附在岩礁上，还会依附在寄居蟹的螺壳上。这样寄居蟹四处游荡，会使得原本不动的海葵随之走动，扩大了它的觅食领域。对寄居蟹来说，一则可用海葵来伪装；二则由于海葵能分泌毒液，可杀死寄居蟹的天敌，使得海葵和寄居蟹双方都得到好处。

海葵虽然能和其他动物和平相处，但也时常为附着地盘、争夺食物与自己的同类进行争斗，常常出现一方把另一方体表上的疣突扫平或把触手拔光的争斗场面。所以，它们同类相残的局面往往很多。

珊瑚是生活在温暖海洋中的一种腔肠动物，它与晶莹透明、在海洋中过着漂泊生活的海蜇以及素有"海底菊花"之称的海葵都是本家。可是，在过去相当长的一段时间里，人们一直把珊瑚看成是植物，称它们为"珊瑚树"，把美丽的珊瑚礁称做"一个色彩绚丽的花园"。这是由于它的颜色鲜艳明亮，样子又与灌木丛一般，上面甚至还寄居有黑蛞蝓和蜗牛。但实际上它们却是地地道道的动物，与海葵同属腔肠动物中的花虫类。每一年，在死去的珊瑚的尸骸上又会长出新的珊瑚，这样不断循环下去，不久就会形成一大片的珊瑚礁。

尽管珊瑚礁在全球海洋中所占面积不足 0.25%，但有超过 1/4 的已知海洋鱼类却依靠着珊瑚礁生活，它们彼此过着相互依存的生活。

棘皮动物

在海洋里，有颜色艳丽的海星，有仙人球一般的海胆，也有像百合花一样美丽的"海百合"，美丽的它们都属于棘皮动物。棘皮动物是一种身体表面有许多棘状突起的一类海洋动物。它们的身体不分节，形状多样，有星形、球形、圆筒形或树枝状的分支等。

这里首先要讲的是海星。大多数动物的两侧都是对称分布，即身体左右两侧的器官完全相同。而海星却与众不同，它的身体都是呈放射状，像星星

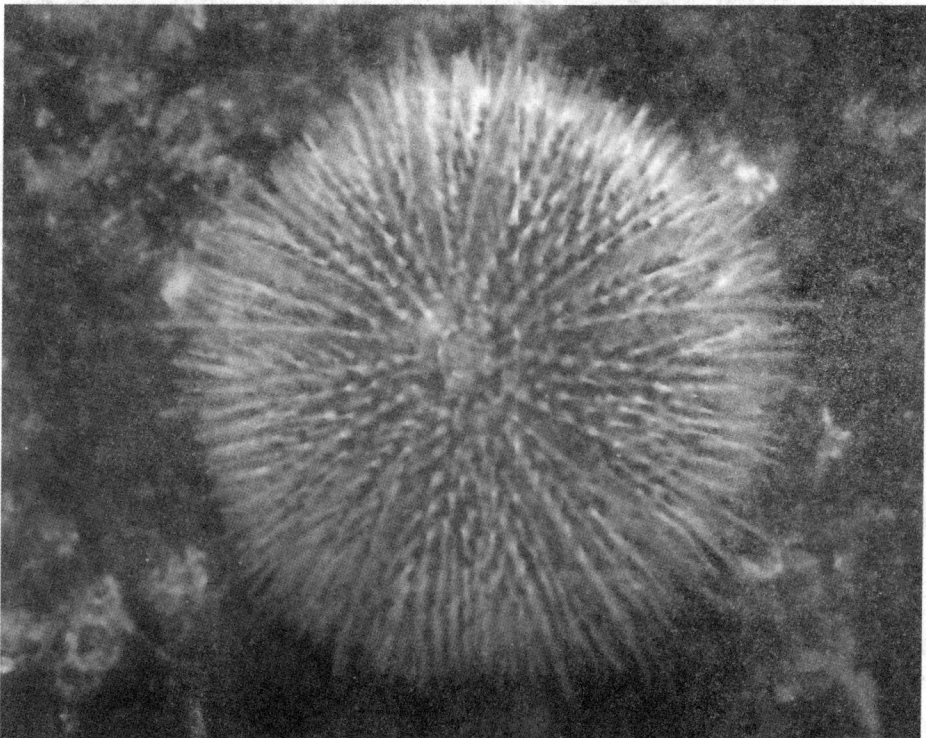

海百合

一样，海星即因它的外形而得名。绕着海星身体的中心圆盘，伸展着 5 条或更多的腕，就这样，不同颜色的"五角星"轻伏在海底，看上去格外漂亮。

人们一般都会认为鲨鱼是海洋中凶残的食肉动物。而有谁能想到栖息于海底沙地或礁石上，平时一动不动的海星，却也是食肉动物呢！不过实际上就是这样。由于海星的活动不能像鲨鱼那般灵活、迅猛，故而，它的主要捕食对象是一些行动较迟缓的海洋动物，如贝类、海胆、螃蟹和海葵等。它捕食时常采取缓慢迂回的策略，慢慢接近猎物，用腕上的管足捉住猎物并将整个身体包住它，将胃袋从口中吐出，利用消化酶让猎获物在其体外溶解并被其吸收。尽管海星是一种凶残的捕食者，但是它们对自己的后代都温柔备至。海星产卵后常竖立起自己的腕，形成一个保护伞，让卵在内孵化，以免被其他动物捕食。孵化出的幼体随海水四外漂流，以浮游生物为食，最后成长为海星。

海胆，别名"刺锅子"、"海刺猬"，体形呈圆球状，就像一个个带刺的紫色仙人球，因而得了个雅号——"海中刺客"。它也是海洋中的棘皮动物，渔民常把它称为"海底树球"、"龙宫刺猬"。世界上现存的海胆约有 850 多种，我国沿海约有 150 多种。常见的如马粪海胆、大连紫海胆、心形海胆、刻肋海胆等。

在幽深的海底，生长着这样一种"植物"，形态同百合花那样的美丽，人们叫它"海百合"。不过，它并不像陆地上的百合花一样是植物，它和海葵一样也是十分凶残的动物。因为它的漂亮外表和百合花非常相近，因此人们给它起了个植物的名字。

海参是"海百合"的近亲。它的外表呈圆柱状，一般长达 30 厘米～40 厘米，前端有口，口旁有 20 只触手，后端有肛门。遇到危急情况时，海参常常把内脏排出体外，自己则趁机溜走。但是经过几个星期的休养生息，一套新的内脏器官又会重新在它的体内形成。海参生活在浅海的海底。全世界约有 500 多种，我国沿海常见的就有 60 余种。由于其中大多数种类都能食用，而且还具有很高的营养价值，所以一直有"海中人参"的称号。

海洋鱼类

你是否曾经幻想过自己也像鱼儿一样，在水中自由自在地游泳，它们是那么的轻松自如、姿态优美，令人羡慕不已。可是"鱼"这种动物，你对它了解的到底有多少呢？

鱼类的身体一般分头、躯干和尾三部分。它们用鳃呼吸，用鳍保持身体平衡及变化行进方向。鱼类的鳍可以维持它们在水中的平衡、方向、减速，就像飞机尾翼一样。有的鱼身上有很多鳍，但每个鳍的作用都不一样。大多数鱼体表有鳞，皮肤可以分泌黏液，有的鱼还具有毒腺，是攻击和防卫的武器。

鱼类的生存空间比其他动物大得多，因为地球上大约 70% 的地方是水。从浩瀚的大洋到涓细的溪流，只要有水的地方就有鱼类的存在。鱼类是依靠鳃来呼吸的唯一物种，这也是最简单的判断一种动物是不是鱼的方法。但有一个例外，非洲的肺鱼是从空气中得到所需要的大部分氧气。目前已知鱼类达 18 000 多种，有的色彩斑斓，有的朴素简单，它们共同构成了五彩缤纷、生机勃勃的水下世界。

在我国东南沿海一带海域，至今

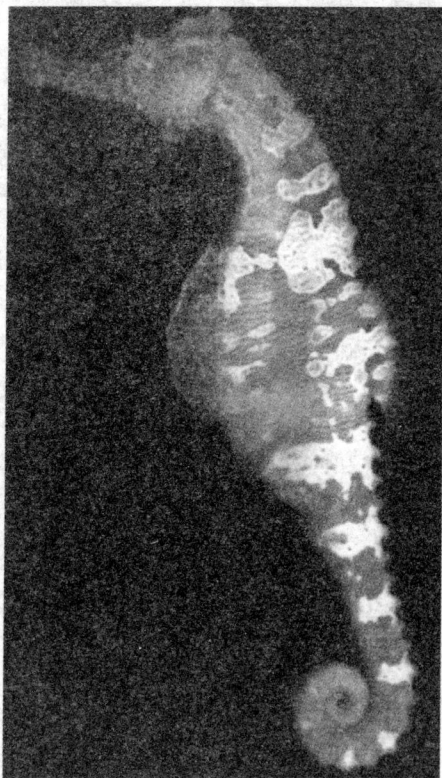

海马

还生活着一种身体半透明的小动物，因为首先在我国文昌县发现，所以叫它"文昌鱼"。达尔文曾把这称为"最伟大的发现"，因为它"提供了揭示脊椎动物的钥匙"。事实上，文昌鱼并不是真正的鱼，它没有脊椎骨，只有一条纵贯全身的脊索作为支撑身体的支柱，这种支柱是脊椎的先驱。在它以后发展起来的动物，像鱼啊、鸟啊、兽啊，以至于人都是脊椎动物。这些脊椎动物的器官和机能有千差万别，但脊椎的构造基本相同。

鲑鱼也叫"大马哈鱼"，是一种以其鲜美的味道而出名的鱼。鲑鱼的一生颇具传奇色彩：它在河川中出生，然后顺流而下，在广阔的海洋中生活数年后，长成长约 1 米的成鱼，然后就逆流而上，不顾一切地向它出生的河川游去，然后在那里繁衍直至死亡。

弹涂鱼，是一种非常奇特的鱼类，长得像小泥鳅，长 5 厘米 ~9 厘米，体侧扁，无鳞，淡褐色的头上有斑点，簇簇如星。它可以同时适应水中和陆地上的生活，弹涂鱼没有肺，它们用喉部内那些发达的毛细血管呼吸。

说到海马，你可能觉得它不是鱼，但它的确是一种特殊的鱼。大多数动物都是由雌性生育新的生命个体，而海马家族的新生命却全部是由海马爸爸来生育的。人们以为鱼在游泳时，总是头朝前尾朝后的，但是海马却是将身子垂直在水中，头朝上尾在下作直立游泳的。这也给海马的捕食带来一些不便，但我们不用担心，海马忍饥挨饿的本领非常强，往往三四个月不吃东西也不会饿死。

除了上面所说的鱼类之外，大海里还有太多形形色色的鱼儿在等待我们的发现和探索。

无颌鱼

　　无颌鱼是最原始的鱼类，头部没有颌，口如吸盘，还不能咀嚼食物，主要靠滤食海洋中的生物或微生物（如有些鳗鱼，它们都有黏且滑的皮肤，游泳不是很好。它们的嘴像吸盘，长着许多小牙。它们吸附在其他鱼类身上，用牙齿锉肉吃）身上披着骨质的甲片，头部颌头后侧的结构还没有分开，活动十分不方便，在躯干部没有胸鳍和腹鳍出现，多数生活在水里，因为身体像鱼形动物，所以被称为"无颌鱼类"。实际上无颌鱼类是最早的脊椎动物，在进化位置上应该比真正最早的鱼类还原始。最早的无颌鱼类出现在早古生代的海洋里，距今4.4亿年，是当时海洋的霸主。

鳗鱼在水中前进的姿态，和蛇在陆地上爬行差不多

鳗鱼就是无颌鱼的一种。它有着像蛇一样细长的身体，它的全身呈长管状，上下颌上长着尖锐的牙齿。晴天，风平浪静，海水透明度大时，它们大多停留在泥质洞穴内，减少取食活动。而当风浪大，水质混浊时，它们才出来四处觅食，尤其在日落黄昏至凌晨这段时间里更加活跃。关于鳗鱼的种类约有600多种，分布于印度洋和太平洋，一般有季节性洄游。

在鳗鱼中，七鳃鳗最为著名，它们没有鳞片，细长的体型圆圆的，很像鳗鱼。七鳃鳗只有一个鼻孔，位于头顶两眼之间，它的眼睛后面身体两侧各有7个鳃孔，这就是它叫作"七鳃鳗"的原因。七鳃鳗通过带吸盘的嘴附在别的鱼身上，以吸食寄主的血液为生。有时，七鳃鳗在宿主尚未死亡之前就放弃了它并另寻新的受害者；也有的时候，七鳃鳗会一直寄生在这条鱼体内直到它血枯身亡为止。

在堪察加半岛海域，有一种盲鳗，它是世界上唯一用鼻子呼吸的鱼类。盲鳗的双眼天生长着一层皮膜，但是它的头部长有感受器，而且全身也长满了超感觉细胞，能比较正确地判定方向、分辨物体，这对盲鳗的捕食和避敌都大有用处。盲鳗不像七鳃鳗会攻击活的鱼类，而是以鱼类的尸体或被网捕到已衰弱的鱼类为食。它经常会从食饵的鳃或口腔进入，并将食物整体吃掉。由于盲鳗体表有特殊的腺体，能够产生厚厚的黏液，所以在遇到敌人时，它就把周围的海水黏成半透明的一团，并迅速改变自己的体型。在敌人正为这种黏液迷茫时，盲鳗早已趁机逃之夭夭了。

还有一种不会游泳的洞鳗，它生活在水中却不会游泳。在印度洋的马尔代夫群岛水域中，洞鳗就生活在沙窝里。它的觅食方式是从洞中探出半个身体，张开大口，吞食随水浮动的浮游生物或小动物。

软骨鱼类

软骨鱼类是一种古老的鱼类。它的骨骼尚未全部钙化，尤其是脊椎骨，颌和鳍的发育演化相当成功，包括鲨类和鳐类，只是内部骨骼为软骨。在距今4.5亿年前的志留纪地层中发现了最早的软骨鱼化石，直到今天仍然有软骨鱼类的存在。

鲨鱼和鳐鱼是现代软骨鱼类动物的主要代表，正像它们的名字所表明的，它们有一副由软骨组成的骨架。软骨是一种充满钙时变硬的柔韧的材料，是像骨一样的固体。软骨鱼在温带和热海洋中大量生长。它们在水中用鳃呼吸，鳃通过头部后面的几个鳃裂直接同外界交流。软骨鱼大约有550种，其中370种是鲨鱼，其他基本上由身体扁平的鳐鱼和电鳐组成。

与鲨鱼近亲的鳐鱼又名"平鲨"，属于软骨鱼类。鳐鱼身体扁平，生活在

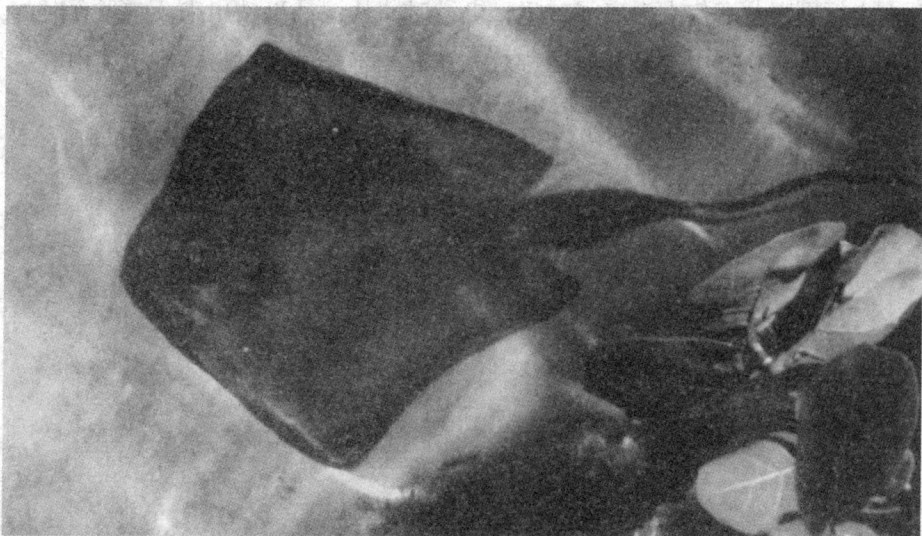

鳐鱼

热带水域，头和躯体没有界限，周围由胸鳍张开与头侧相连，呈圆形、菱形或扇形。多数种类的鳐鱼，尾巴像鞭子一样细长，没有臀鳍，尾鳍也已经退化，游泳的时候利用胸鳍做波浪形的运动前进。

除此以外，绝大多数的鱼都有一个充满气体的囊，叫做"鳔"，它使鱼能够在水中沉降、上浮和保持固定位置。只有鳐鱼和鲨鱼没有这个器官，它们在海水中升降主要依靠鳍，因而它们的鳍十分发达。鳐鱼的鳍内都是软骨，所以可以食用。大众常说的鱼翅，主要来源就是鲨鱼与鳐鱼的鳍和尾。

蝠鲼是鳐鱼中最大的种类，它的身体略呈菱形。尽管蝠鲼有一张50厘米宽的大嘴，可蝠鲼却是一种非常温和的动物。蝠鲼游泳时，扇动着三角形胸鳍，拖着一条硬而细长的尾巴，像在水中飞翔一样。虽然它没有攻击性，但是在受到惊扰的时候，它的力量足以击毁小船。和其他种类的鱼不同，蝠鲼专吃小型的浮游生物，张开大口，和水一起吞下，滤过海水而食。蝠鲼成鱼的体长可达7米，体重有500千克，可是它能作一种旋转状的跳跃。随着旋转速度越来越快，蝠鲼迅速上升，跳出海面。蝠鲼一般能跳出水面1.5米，由于它体态十分笨拙，落入水面的声音像开炮一样。至于蝠鲼为什么要跳出水面，至今仍是一个谜。

电鳐则喜欢潜伏在海底泥沙里，饥饿时才从泥沙里钻出来。它觅食时的绝招是游进鱼虾群中频频放电，待对方被麻晕不能游动时，再痛快地饱餐一顿。如果遇到敌人来攻击时，它也会依靠放电进行自卫。

海洋里的爬行动物

爬行动物是第一批真正摆脱对水的依赖而真正征服陆地的脊椎动物，可以适应各种不同的陆地生活环境。爬行动物也是统治陆地时间最长的动物，其主宰地球的中生代也是整个地球生物史上最引人注目的时代，那个时代，爬行动物不仅是陆地上的绝对统治者，还统治着海洋和天空，地球上没有任何一类其他生物有过如此辉煌的历史。

其中，蛇颈龙和鱼龙是所有海生爬行动物中最凶猛的，在侏罗纪和白垩纪时期，它们始终都控制着海洋。蛇颈龙在白垩纪末期灭绝，在其生存的远古时代，它那庞大的体型在海洋世界中称霸一时。蛇颈龙头小颈长，脖颈是身体和尾部长度的两倍，体躯宽扁，体长可达 18 米，四肢呈桨状，牙齿锋利，属于肉食性海洋大型爬行动物。尽管从科学理论上说蛇颈龙早已灭绝，但有人曾怀疑尼斯湖水怪可能就是蛇颈龙的后裔。除此以外，在白垩纪晚期的海洋中，生活着一类最为凶猛的爬行动物——沧龙。它们的头骨很长，在构造上与现代的巨蜥很相似，所以沧龙与巨蜥有较近的亲缘关系，它们是由远古的蜥蜴类进化来的。它具有现代的巨蜥和蛇一样的下颌骨，这个下颌骨不仅能下降得很低，而且还能向两侧打开，使装满的食物不会漏出去。

鱼龙是中生代海洋中生存过的已灭绝的鱼形爬行动物。1821 年，柯尼希认为它们是介于鱼类和爬行类之间的动物，因此创立了"鱼龙"这个词。居维叶曾对鱼龙有过较形象的描述："鱼龙具有海豚的吻，鳄鱼的牙齿，蜥蜴的头和胸骨，鲸一样的四肢，鱼形的脊椎。"同时指出它们也是一类古老的爬行动物。

到了中生代晚期，两栖类动物一部分彻底告别了大海，到陆地上定居，从而进化成爬行类的蛇。还有一部分依恋故乡大海，成了今天的海蛇。海蛇身体呈圆桶状，尾巴扁平，善于游泳，喜欢栖息于大陆架和海岛周围的浅水区，以澳大利亚北部与南洋群岛之间最多。有些种类的海蛇也有在海面上大规模集群的习性。广东沿海地区渔民常见到成千上万条海蛇追捕鱼群的场面。1932 年 5 月 4 日，马六甲海峡出现过壮观的海蛇长阵，宽约 3 米，长达 110 米。在全世界 2 700 多种蛇中，海蛇只有 49 种。

除了海蛇，最著名的就要数"活化石"海龟了。海龟的祖先远在 2 亿多年以前就出现在地球上。古老的海龟和不可一世的恐龙一同经历了一个繁荣昌盛的时期。后来地球几经沧桑巨变，恐龙相继灭绝，海龟也开始衰落。但是，海龟凭借那坚硬的背甲所构成的龟壳的保护战胜了大自然给它们带来的无数次厄运，顽强地生存了下来。海龟步履艰难地走过了 2 亿多年的漫长历史征程，依然一代又一代地生存和繁衍下来，真可谓是名副其实的古老、顽强而珍贵的动物。

沧龙

海洋里的哺乳动物

热血的、胎生的、以母乳哺育幼兽的海洋动物叫做"海洋哺乳动物"，也可以称它们为海洋中的野生兽类。

一般而言，哺乳动物十分适合在陆地上生活，陆地是它们的乐园，可也有一些哺乳类是适于海栖环境的特殊类群，如鲸、海獭、海狮、海豹、海牛等。它们已经适应了海洋生活，一般拥有纺锤形或流线形的体型，但仍然是恒温动物，用肺呼吸，保留着哺乳动物的特征。

海豹和海狮、海象共同的生活特点是：它们一般在海洋中生活，以鱼类为食。不过也有的时候会到岸边来休息，抚养子女；它们都有流线形的身体，皮下有厚厚的脂肪用来抵御寒冷的海水；所有的鳍状肢在水中都可以当做桨来使用。其中，海狮和海狗还是近亲呢。它们和海豹的区别为：海狮及海狗

海狮

的鳍状后肢可朝向前方，所以能够在陆地上行走，而海豹则不能。此外，有如小指头般的耳朵也是海豹所欠缺的特征。

事实上，海狮可以称得上为"记忆大师"。美国海洋生物学家科琳·卡什佳克和罗纳德·舒特曼，1991年曾对一头名叫"里奥"的雌性海狮进行了较为复杂的字母和数字的记忆测试，10年后，他们惊奇地发现，在没有任何提示的情况下，这头海狮能利用它超常的记忆力轻而易举地对付这些"小把戏"。还有一件特别有趣的事就是，美国特种部队中一头训练有素的海狮，曾在1分钟内将沉入海底的火箭取上来，而人们只要给它一点乌贼和鱼作"报酬"，它就高兴地满足了。

海象顾名思义，即海中的大象，在太平洋、大西洋里都有它的踪影。它的躯体巨大而形状丑陋，皮肤粗糙而多皱纹，眼睛细眯，犬齿突出口外。不过海象可是海洋中的游泳健将呢，它在水中的表现比陆地上灵敏得多。为了适应海洋生活，海象还有变换体色的本领呢。

海獭是大约1万年前才入海的"新"成员，小而圆的头上，长有非常明显的胡须，小耳朵藏在毛里，样子看上去就像一只大老鼠。海獭一天当中约有一半的时间在整理皮毛。通过梳理，既能保持毛皮整洁，又能促进皮脂腺分泌，使毛皮在水中形成一个隔热屏障。此外海獭还会使用工具，经常从海底捞取石块放在胸部做砧，在上边敲碎贻贝的硬壳后取食。

海牛的外形与儒艮（别名"美人鱼"）相似，身体呈纺锤形。它与儒艮的区别在于尾部形状的不同：海牛的尾巴呈扇形，而儒艮的尾巴是扁平分叉的。海牛习惯昼伏夜出，白天在深海睡觉，晚上出外觅食。它是海洋中唯一食草的哺乳动物，食量大得惊人，因为它每天吃水草的重量相当于自身体重的5%～10%呢。不过你不用担心它会消化不良！它的肠子长达30米，有利于慢慢地消化和吸收所吃的食物。有趣的是，海牛吃草时像卷地毯一般，一片一片吃过去，可真是名副其实的水中"除草机"。

海洋植物

在辽阔而富饶的海洋里，除了生活着形形色色的动物之外，还有种类繁多、千姿百态的海洋植物。海洋植物有两大类：浮游植物和底栖植物。海洋植物是自然界所有植物的祖先，它是由单细胞藻类逐步进化而成的。无论是人们爱吃的海带、裙带菜和紫菜，还是用作工业原料的硅藻，都显示了海洋植物巨大的经济价值。作为海洋鱼、虾、蟹、贝、海兽等动物的天然"牧场"，海洋植物和它们一起构成了多彩的海洋生命世界。

藻类是原始的低等植物，其种类繁多、形态万千，是海洋植物的主体。海藻不开花，不结种子，以孢子繁殖后代。在海洋藻类中，常见的有硅藻、蓝藻、绿藻、褐藻、红褐藻等。目前可用作食品的海洋藻类有100多种。

红藻在海洋中分布很广，主要有紫菜、石花菜、海人草、软骨藻、江篱、海萝、麒麟菜等。红藻的药用主要是它的提取物琼胶囊，这是一种用途很广的新试剂。

紫菜就是一种味道鲜美、营养丰富的食用海藻，其蛋白质、无机盐和各种维生素的含量高达29%～35%；它还含有10%～15%的硅胶，硅胶含量仅次于石花菜和琼胶原藻。此外，紫菜的含碘量仅次于海带和裙带菜，每100克紫菜中含有7.452微克的碘。紫菜有较高的药用价值，因其富含碘，故对治疗甲状腺肿大有一定的疗效。常食用紫菜还能降低血清中的胆固醇含量，对软化血管和降低血压也有很好的疗效，是不可多得的营养保健食品，有"神仙菜""长寿菜"的美称。

大型马尾藻属褐藻类，除了提取褐藻胶用作工业原料外，也是重要的药用原料。褐藻内含有丰富的碘，对治疗俗称粗脖子病的甲状腺肥大症特别有效；褐藻含有多种氨基酸，对降压有明显作用；褐藻内含有甘露醇，是临床

海边的红树植物

注射中常用的渗透性利尿剂。此外，褐藻的提纯物有抗癌作用，能有效防止放射性锶的污染，并可用于止血等。

海草是一类生活在温带海域沿岸浅水中的单子叶草本植物。它常在沿海潮下带形成广大的海草场，是小虾、幼鱼良好的生长场所，也是海鸟的栖息地。此外，还有红树植物等，红树植物是一类生长在热带海洋潮间带的木本植物群落。例如红树、秋茄树、红茄冬、海莲等。当退潮以后，红树植物在海边形成一片绿油油的"海上林地"，也有人称之为"碧海绿洲"。它们主要生长在热带地区的隐蔽海岸，常在有海水渗透的河口、泻湖或有泥沙覆盖的珊瑚礁上。

因此，海洋植物不仅仅是海洋世界的"肥沃草原"，更是人类世界的一大自然财富。

海洋藻类

海洋藻类是具有叶绿素、自养生活、无胚的叶状体海洋孢子植物，简称"海藻"。它们具有下列三个特点：

（1）整个藻体都有吸收营养、进行光合作用和制造营养物质的功能。虽然有的海藻在外形上有类似高等植物根、茎、叶的构造，但在基本构造和功能上有着本质区别。实际上，不论其外形如何，从功能上说所有海藻的整个藻体基本是一个简单的叶，因而被称为"叶状体"植物。

海洋藻类

（2）海藻的生殖器官与高等植物的种子不同，多为单细胞的孢子或合子；有些藻类的生殖器官虽然是多细胞的，但它们都直接参加生殖作用，不像高等植物生殖器官的细胞有生殖功能和营养功能之分。

（3）海藻的个体生活史是由孢子或合子开始的，它们不在母体内发育成为多细胞的胚，与高等植物的生活史不同。

红树林

红树林是热带、亚热带滨海滩涂上生长的特殊的植物群落，它们像一排排忠诚的卫士，组成一道绿色的海岸长城。它们对自然环境产生的深刻影响，正日益受到人们的重视。

红树植物种类很多，最高大的可算木榄了，高达六七米；一般植物只一二米高。它们的木料多是鲜艳的红色，所以叫做"红树"。

遇到涨潮时，树干被海水淹没，只剩树冠露在海面上，形成壮观的海上绿洲。红树生有许多气根，这些气根底部牢牢地插入地下，足以抵挡海浪冲击。树冠突出在水面上可以呼吸空气。

红树植物具有一种独特的繁殖方式——种子"胎生"。红树种子外形多种多样，但都垂直向下。垂挂在树上的种子脱离母树之前就萌发形成幼苗，然后落下来插入泥土中，落下的幼苗会很快生根，长成小红树。这也是对生活的一种适应方式。如果落下的幼苗还来不及扎根就被海浪冲走，它们就会随着海流漂浮，直到遇到适合扎根的地方，有的甚至要漂洋过海在异乡生根。所以红树林是沿海地区最常见的树种。

红树植物木质坚硬、纹理细致，是制造家具的好材料。有的种类还可以入药，如角果木可以止血、疗疮。

藻类植物

蓝藻出现在古海洋中，可以追溯到 30 亿年之前。蓝藻是低等植物，它没有根、茎、叶之分，是单细胞或多个细胞连成的丝状体（藻丝）。经过亿万年的演化，现在蓝藻形态与其祖先相差甚远。蓝藻微小的细胞里，永不停止地进行着复杂得多、先进得多的物理、化学反应。数量极为庞大的蓝藻出现，为后来多种生命在海洋中诞生提供了可能。但是，真核细胞起源的问题，以及真核细胞出现后演化为数目巨大的蓝藻等生物演进的问题，仍然是人们继续探讨的问题。

水下森林——巨藻

在美洲西部及大洋洲、南非等地沿岸，生长着一种巨大的海洋植物。这种植物在几十米深的海水中形成繁茂的"水下森林"，十分奇异而美丽。这就是著名的海洋经济藻类——巨藻。

巨藻是世界上个体最大的海藻，也是世界上最高大的植物，它一般能长到 70 米 ~ 80 米，重量达一百多千克，实在不愧是海藻中的"巨人"。它的生长速度非常惊人，春夏季节每天可以长 2 米左右。更令人惊奇的是，它的生长力很旺盛，可以像韭菜一样一年收割好几次。

巨藻的经济价值很高，可作为家畜和鱼类的饲料和饵料，甚至可以作为蔬菜食用。巨藻含有多种氨基酸，能用它来提取药物，还可以提取褐藻胶、甘露醇、碘、钾等化工原料，制造肥料等。巨藻经过发酵能产生可燃性气体甲烷，所以种植巨藻将为人们提供新的能源。巨藻生长的水域，也适宜各种鱼、虾、贝类的繁殖，巨藻就像一道天然防波堤，为近岸养殖其他水生作物提供了良好的场所。

海洋被子植物

海洋里的高等植物并不多见。如果将潮间带、滩涂等近海地带生长的植物也算作海洋植物的话，海洋中裸子植物仅有马尾松等少数几种，而大部分海洋高等植物都属于被子植物。

完全生长在海洋中的植物是海草类，如海中草、激浪草等。它们大部分生活在温带和热带的河口与海湾内。这类植物生长在水下，能忍受海水的高盐度，还具有在水下开花授粉的能力。所以有人称它们为"真正的海洋被子植物"。这些海草生长在沿海近岸边，形成了茂密的"水底牧场"，并为海洋其他生物提供了初级生产力。

还有一些植物生长在潮间带。它们不能完全浸没在水里，即使高潮时它们的不定根也会把树冠撑出水面，比如红树植物。红树植物种类很多，大多生长在热带和亚热带潮间带的沼泽地。我国南方沿海福建、广东、台湾、海南等地均有分布。红树植物沿着海岸形成密集的树林，是组成海岸生态系的重要元素之一，对于调节气候、防止海岸剥蚀起着重要作用。

硅 藻

硅藻是一类最重要的浮游植物。硅藻分布极其广泛，在世界大洋中，只要有水的地方，一般都有硅藻的踪迹，尤其是在温带和热带海区。因为硅藻种类多、数量大，故而被称为海洋的"草原"。

浮游植物遍布整个海洋的上层，这是因为透入海水的阳光迅速地随深度而衰减。到了一定深度，海洋已是一片黑暗的世界，阳光不能穿透海水到达这里，所以也就没有利用光来进行光合作用的藻类。而一些底栖型的藻类，由于生活在海洋靠近大陆边缘的浅水处，所以虽然长在水底，仍能利用微弱的阳光生存。硅藻也可分为浮游型和底栖型两大类。前者主要生活在潮间带，即大陆边缘的浅水处，后者则包括全部或部分生活空间处于光照层中的浮游种类。

硅藻是一类具有色素体的单细胞植物，常由几个或很多细胞个体连结成各式各样的群体。硅藻形态多样，有圆形、椭圆形，也有三角形和多角形等，更有两侧对称和中心对称种类，如舟形、梭形、弓形、"S"形等。硅藻的细胞壁由硅质和果胶质构成，成为坚硬的外壳，壳分上、下两个，如带盖的小盒子一样套在一起。据科学家研究，硅藻壳面的花纹在显微镜下放大观察，各具形态，其花纹的多样、别致、精美程度，恐怕连我们人类的建筑师、艺术家也叹为观止、自愧弗如。硅藻细胞壁形成花纹的原因，是由于细胞壁向内凹入，因而形成各种不同的结构层次的缘故。

硅藻的色素包括叶绿素 a、c，β - 胡萝卜素、2 - 胡萝卜素和叶黄素。硅藻通过色素，主要是叶绿素，进行光合作用。它吸收阳光和水中的二氧化碳和无机盐类，并把这些转化为碳水化合物和氧气。其中碳水化合物是一些多糖有机物，这些有机物是海洋食物链的第一环节，也是海洋生产力的基础。

硅藻是鱼、贝、虾类，特别是其幼体的主要饵料。它与其他植物一起，构成海洋的初级生产力。

硅藻还是形成海底生物性沉积物的重要组成部分。硅藻死亡之后的硅质外壳，大量沉积在海底，形成硅藻软泥，这种软泥在寒带海中最多，其沉积层最厚可达 200 米。据海相沉积层的分析表明，硅藻土中含有 83.2% 的氧化硅。硅藻土在工业上用途很广，可以作为建筑、磨光等材料，过滤剂、化学方面的吸着剂，造纸、橡胶、化妆品和涂料等的填充剂，以及保温材料等；同时硅藻土对地层的历史及古海洋环境的研究也提供了重要资料。

　　海洋污染物质，包括一些碳氢化合物、有害重金属、有机氯，以及放射物质等，经过硅藻的吸附、吸收和积累，又经过海洋食物网的传递、扩大，直接或间接损害海洋生物资源的开发利用，并对人类健康带来危害。

浮游植物

海洋浮游生物的其中一个重要类群是浮游植物。

海洋中，浮游植物被誉为"上帝"，正是由于它们的作用，才使其他生物能够依赖它们生存，使海洋生机勃勃，充满活力。

浮游植物是自养生物。也就是说，它本身含有叶绿素或其他色素体，能吸收太阳光能，并利用这些太阳辐射的光能和水中、空气中的二氧化碳进行光合作用，自己制造有机物，主要产物是碳水化合物和氧气。它们本身就是一座座小型的绿色加工厂。它们是水域生态系统中的主要生产者，为其他生物提供了饵料、食物和必需的能量，在生态学研究中，它们叫做"初级生产力"。这类生物主要包括海洋细菌和一些单细胞藻类，如硅藻、甲藻、蓝藻、黄藻等。浮游植物的数量极多，分布在世界的各个水域中。

浮游植物的个体十分微小，要在高倍显微镜下才能看得清楚。但有时，它们也会几个细胞或几十个细胞聚集在一起，形成群体。它们通常由于细胞中所含色素的不同，而呈现不同的颜色。每逢繁殖季节到来的时候，由于它们的大量聚集，会使海水颜色发生变化，形成赤潮。浮游植物形成的赤潮对渔业特别是贝、虾养殖业危害极大。

有些浮游植物具有富集同位素的能力，可以作为放射性同位素的指标种。例如硅藻类的中肋骨条藻就可以作为"三废"污染的指标种。

还有些浮游植物如根管藻等，在繁殖期内因为数量太多，并且聚集在一起，虽然不能形成赤潮，但却可以阻碍或改变一些鱼类如鲱鱼的洄游路线，从而使人类在鲱鱼洄游时捕获鲱鱼量降低，对渔业十分有害。

浮游植物的发光性是非常显著的。如夜光藻受到刺激时能发出一种淡蓝色的闪光，多边漆沟藻在夜间能发出蓝绿色的闪光。夜晚的海中，鳞光闪闪，被人们称为"火海"、"火星潮"，这些正是由于发光的浮游植物大量聚集的结果。

珍贵的珊瑚资源

珍贵珊瑚——红珊瑚

过去给皇帝的贡品有红珊瑚，治病入药有红珊瑚，佛教徒诵经时手捻的佛珠有红珊瑚，清朝二品文官武将的顶戴是红珊瑚。总之，人们认为红珊瑚是个宝。红珊瑚到底是何物？性状如何？人们却知之甚少，长期以讹传讹，再加之神秘的渲染，使人更感到扑朔迷离。

红珊瑚是海洋低等无脊椎动物，属于腔肠动物门、珊瑚虫纲、八爪珊瑚亚纲、软珊瑚目、硬轴珊瑚亚目、红珊瑚科、红珊瑚属的海洋动物。人们见到的红珊瑚是这些动物们残留的骨骼。

（1）红珊瑚的生物学特点。

红珊瑚生长要求的生境条件，从地中海——大西洋区和太平洋区的调查得知，它们要求有硬底、流急、无沉积物（特别是无陆源性沉积物）、水清、低光照、低温（8℃~20℃），其中地中海红珊瑚场最适温度是10℃。

（2）生长慢、寿命长。

红珊瑚从幼虫附着后10年~12年才性成熟，每年夏季产卵，其浮浪幼虫是负趋光性。由于红珊瑚较其他无脊椎动物长寿，其生长速度慢、成体死亡率低都是必然的趋势。

竹节珊瑚

竹珊瑚由于其中轴石化，及浅棕色的节与白色节间相隔形成，颇似天然盆景石竹，陈列在客厅，特别富有诗意，我国民间已广泛应用于室内装饰领域。

珊瑚礁的形成

珊瑚礁或珊瑚岛是珊瑚虫的遗骸经过地质年代的作用积累形成的。

我们把形成珊瑚礁的珊瑚统称为造礁珊瑚。大多数造礁珊瑚是群体生活的，群体中的每个个体都很小，一般直径为 1 毫米 ~3 毫米，单个个体的结构与海葵相似。它们的骨骼成分均为碳酸钙，由个体的基盘及体柱下端表皮细胞向外分泌钙质，共同构成一个杯状骨骼，杯状骨骼形成时，个体基盘部分分泌钙质形成基板，体柱下端分泌的钙质形成杯槽的四周，群体之间珊瑚与珊瑚杯底相连，杯壁共同拥有，又以出芽的方式繁殖向上生长，一般在相同条件下，块状珊瑚每年增长仅 0.5 毫米 ~2 毫米厚度，枝状珊瑚能长 10 厘米 ~20 厘米，这样无数的小珊瑚虫不断地生长、繁殖，经过许多年就长成了我们看到的一块块、一束束珊瑚的模样。它们再与形成钙质骨骼的其他动植物的尸体，如软体动物、腕足动物、棘皮动物、石灰藻等，一起经过地质年代的堆积作用，才能在海洋中形成礁石、岛屿。

并不是所有的海域都能形成珊瑚岛的。珊瑚的生长发育要求具有严格的生态条件。

首先，温度是影响造礁珊瑚生长的限制性因素，只有海水的年平均温度不低于 20℃，珊瑚虫才能造礁，其最适宜的温度范围是 22℃ ~28℃，所以珊瑚礁、珊瑚岛都分布在热带及亚热带海域，我国的西沙群岛、南沙群岛、中沙群岛均为珊瑚所形成的岛屿。

其次，造礁珊瑚要求一定的海域深度，它们主要生活在浅海区，因为在浅海区日光可以很好地穿透、射入海底，有利于珊瑚体内共生藻类的光合作用；风浪、海水的震荡为珊瑚提供了丰富的食物源及充足的氧气，并易于移走代谢产物。

另外造礁珊瑚要求生活在较清洁的海水中，如果过多的陆源物质污染海水，便会抑制珊瑚取食、呼吸等正常生理作用的进行。所以珊瑚礁一定是在热带、亚热带海域，在阳光充足、水质清澈的浅海区形成。

生命从海洋中开始

　　38 亿年前，星际物质猛烈碰撞的时代已经结束了，动荡不安的地球变成了一个蓝色的星球，表面覆盖着蔚蓝色的大海，海面上遍布着岩石裸露的岛屿。在陆地表面和海洋的底部，高密度的黑色玄武岩和富含铁镁有精细花纹的硅酸岩组成了厚厚的地壳，较轻的花岗岩物质分布其上，这些物质是由浅色的，富含钾、钙、钠、铝的硅酸岩组成（这些漂浮在地壳表面的花岗岩"冰山"最终变厚，并形成了地球大陆的核心部分）。天空变明亮了，大气逐渐变薄，气候也慢慢凉下来。但是，陆地和海洋中仍然没有植物和动物的踪影。

　　地球上的生命是什么时候开始的？是怎样开始的？无论在什么时候这都是最让人感兴趣，引起激烈争论的问题。40 亿年前，原始的海洋中是否充满着有机分子呢？如果是的话，那最早的有机物质又来自何方呢？有人认为，有机物质——生命的基本组成物质——是由星际中的行星或彗星带到地球上的。也有人认为，这些物质是在地球原始的海洋中产生的。但是，不管有机物质来自哪里，生命是在海洋中开始的。

　　在陆地上已经硬化成为岩石的古老沉积物中，发现了有关生命产生时地球的外貌和最早的有机体的性质的线索。目前，地球上最古老的沉积岩在1971 年发现于格陵兰岛的伊苏阿山，年龄约 37 亿年。Isua 山的沉积物质包括一系列由细颗粒组成的岩石和黑色硬化的熔岩，呈奇怪的管状和枕状，好像硬化的牙膏从管中挤出来一样。这些奇形怪状的岩石被称为"枕状玄武岩"，它们是在熔融的熔岩喷出海面，并被冰冷的海水不断冷却的过程中形成的。在南部非洲巴伯顿绿岩带的岩石中也发现了古老的玄武岩。另外一些岩石的表面上看上去像已经硬化的却又正在冒泡的泥浆池。今天，在地热活跃的地区，如美国的黄石国家公园，缓慢沸腾的泥浆池随处可见。在澳大利亚和加拿大北部，也曾发现一些类似的距今40亿~32亿年的玄武岩。但是，最令人吃惊的发现是在南非，地质学家在一种硬化的二氧化硅岩石即燧石中，发现了一种与众不同的、微小的米粒状化石。他们认为，这些化石是曾经生活在热的泥浆中的一种原始细菌的遗迹。最近在深海中的一些发现似乎可以证明，嗜热微生物可能起源于冒着气泡的泥浆池或者是有火山活动的海底地区。

1977年，地质学家在西雅图海岸外的胡安·德富卡海脊的深海热液中发现了一些不同寻常的新的海洋生命。在海平面下2500米以下，巨蚌、居住在管中的蠕虫（多毛虫）、蟹和其他一些奇怪的海洋生物挤聚在从海底裂缝中喷发出来的热水周围。而在这些深海热液的研究中，最令人吃惊的发现是：这里和其他地方所发现的海洋生物，是以化能合成细菌为生的。化能合成是指有机体利用热、水和化学物质如硫化氢，来制造有机物的过程。与此相对，光合作用是指植物利用光能、水和二氧化碳来制造有机物和氧气。地球上的绝大部分生态系统都是利用光合作用来维持生命循环的。深海中以化能合成为基础的繁荣的食物链的发现，使全世界的科学家都震惊了，而且，这一发现也为生命开始于深海底热液活动地区，而不是海洋表面，提供了可能性。现在，我们知道，化能合成细菌可以在深海以及其他不利于生命存在的环境中繁殖，比如黄石国家公园著名的热喷泉和泥浆池及墨西哥湾天然的油气田。但生命起源于何处我们仍不清楚。是否微小的细菌靠着地球在热泉、沸腾的泥浆池或深海热液中产生的热量繁衍起来，并随后迁到浅海来利用太阳巨大的能量呢？

到32亿年前，地球上的环境仍非常不适于生命的存在。炽热的岩浆在海底和陆地上漫流，沸腾的热喷泉随处可见，大气中仍含有相对较多的水蒸气和二氧化碳。但是，简单的单细胞生命已经开始孕育了。

在澳大利亚菲格特里形成的岩石中，地质学家发现了大棒状及圆球状的化石，而这些岩石的年龄为32亿年。这些化石类似于现代的光合细菌和蓝绿藻，现在称为蓝细菌。类似的化石在冈弗林特燧石矿岩石中也有发现，这一燧石矿是20亿年前在安大略省西部苏必尔湖沿岸沉积形成的。地质学家发现，这里的化石具有奇怪的拱顶状和柱状的分层构造，似乎是生物造成的。但许多年过去了，它们的起源仍是一个谜；在澳大利亚鲨鱼湾的潮汐浅塘中，发现有类似的短粗柱状的蓝细菌群落存在；最近，在巴哈马群岛的浅水潮沟中发现了更大的这种群落。这些原生的给人深刻印象的柱体被称为叠层石，高度或者宽可以生长到几米。形成叠层石的海藻向上生长，形成了致密的纤维质的有机质层，这些有机质层周期性地被沉积物覆盖，有时也会生成像水泥一样的碳酸钙覆盖层。一旦草食性动物发展起来，叠层石只能存在于有潮流、盐度高、周期性干旱或其他可抑制水下生物摄食的环境中。但在这样的水下生物出现之前，叠层石的数量还是很多的。一些种类的年龄超过了30亿年，这进一步证明，浅海中的生命开始出现的时间。

到30亿年前，天空明净起来，地球慢慢变凉，地球表面开始发生细微的变化。虽然火山继续喷发着，但是在广阔的浅水区和沸腾的泥洼里，充满了细菌和原始藻类。潮汐水塘被一层蓝绿色的有生命的黏液覆盖着，叠层石随处可见。在深海的热液活动区细菌也一样繁生。石灰石沉积和新的光合作用生物继续使大气中的二氧化碳浓度降低，气候更加凉爽了。

大气中的二氧化碳可以吸收地球表面的热辐射。二氧化碳浓度的增高，使吸收的热量增加了，气候变暖了，这一现象称为温室效应。科学家们认为，地球的早期阶段，也进行着类似的过程，只不过是二氧化碳的浓度下降使地球的气候变冷，而不是变暖而已。

地球上最早的生命形式是微小的单细胞生命。随后出现了多细胞生命，这是进化中最有争议性、最神秘的阶段。有机体获得了细胞，而细胞是由一个细胞核和特殊的细胞内结构组成的。多细胞生命是否是由已存在的单细胞生命简单地演化来的？或者根据细胞内结构的共生性，是否可以认为多细胞生命是由简单的单细胞生命和大分子物质结合而成的呢？不管是何种方式，多细胞的海洋生物出现于30亿～20亿年前。没有人确切知道这是在什么时候发生的，是怎样发生的。来自化石和岩石的证据表明，在多细胞生命的演化过程中，大气中氧气的出现是一个关键的因素。

在30亿～20亿年前，地球的大气主要是二氧化碳和水蒸气组成，因为这时还没有办法产生大量的氧气。但在某种程度上，早期光合生物制造的氧气已经开始在大气中富集，且制造出来的氧气要多于消耗掉的氧气。古代沉积物的锈化痕迹，为追溯大气中氧气的演化过程提供了线索。氧气是一种非常活跃的气体，当它与铁结合时，会生成铁锈。在氧气成为大气的主要部分之前，黑色的富铁沉积物从陆地上剥离并被搬运到海洋，过了一段时间，这些沉积于海底的物质被埋藏，最终硬化成岩。全世界，年龄在38亿~23亿年的岩石是由黑色的富铁层与浅色的贫铁层交互形成的，被称为条纹铁岩石。黑色层表明，铁进入海洋时并没有与氧气发生反应，而浅色层则代表了某种季节性的波动。

大约20亿年前，条纹铁沉积消失了，红色地层开始形成。这些红色地层是铁受到大气中氧气的氧化而形成的红色的岩层，它们表明，大气中的氧气浓度已经可以使陆地上沉积物中的铁发生氧化。在北美西南部和大峡谷的红色岩墙是由于沉积物暴露于富氧大气中，使沉积物中的铁大量氧化而形成的。大气已经开始向富氧性转化。

20亿年前，早期的海洋藻类和细菌繁殖着，进行着光合作用，向大气中释放的氧气越来越多。然而，地球表面上的环境条件仍极不利于海洋生命的生长。当大气中的氧分子电离形成臭氧，地球表面就能免受紫外线的伤害。早期的地球，大气中没有足够的氧气，不能形成臭氧来保护地球表面的有机体免受阳光的直接烤晒。另外，有机体利用氧气与有机物质反应而获得能量，这个过程称为氧化作用。但是氧气在反应中如此活跃，所以细胞必须进化出一种方式来利用这一强大的能源，而不至于在氧化过程中伤到自己。太阳能对地球上大多数的生命形式而言，仍是一种相对不可利用的能源，生命的生长受到了限制。

大约10亿年前，大气中有了足够的氧气，有效的臭氧层开始形成，有机体已经具备了安全有效地利用氧气的方法。这时水的表层成了适于居住的环境；太阳的能量可以被利用了，海洋的植物开始繁盛起来。地球的气候和海洋的温度稍微凉了一些，大的陆地板块已经形成。

大约7.5亿年前，我们故事的背景开始改变。曾经是分离的岩石"冰山"

块儿，通过构造板块在地球表面的运动，变成了一个横跨赤道，东西向延伸的庞大的超级大陆。板块构造运动很早就开始了，它是造成陆块运动、洋壳产生与消亡和地球上许多不稳定因素发生的原因，对地球、海洋和生命的演化方式有着极其重要的影响。古老的岩石和冰川遗迹表明，超级大陆的许多地方被冰覆盖着，这时的地球可能处于第一次也是最冷的一次冰期；甚至近赤道的地区也被冰雪覆盖了。一些科学家认为，这时的地球好像一个巨大的雪球，但对这一观点仍存在着争议。研究者们无法确定产生这样一次大的冰期的原因，提出的新理论把重点放在了赤道周围大陆的影响上。但是在大约 5.9 亿年前，地球又变暖了，环境变得有利于生命发生又一次演化。

大约 5.5 亿年前，前寒武纪结束，古生代开始。海洋中的生命不断繁殖增加着。非常低等的生命形式进化成更高等的种类丰富的生物，是进化史上的一次重大的飞跃。许多年来，地质学家一直对这一现象迷惑不解，他们在化石记录中寻找其间缺失的联系。到 1964 年，地质学家 R. C. Sprigg 在澳大利

软体动物遗迹化石

亚南部的埃迪卡拉山的古代海滩沙中，发现了一种奇特的软体动物遗迹化石。这些化石，数量最多的是一种环形的遗迹，形状像现在的水母：因此这一时期被称为"水母时代"，时间恰恰在古生代之前，距今约 6 亿年。在埃迪卡拉岩层中，还保存着蠕虫状动物、奇特的底栖动物和复叶状生物的痕迹和藏身处。在埃迪卡拉动物群落中，许多生物都很难归入现代的海洋生物种类之中。一些科学家认为，它们与海胆（棘皮动物）、蠕虫和甲壳类（节肢动物）有关。而德国古生物学家：Adolf Seilaecher 提出了新的解释。他认为，这些外表奇特的生物与现代种类无关，而是代表着已经灭绝的生命形式，它们脆弱的垫状躯体易被新生的捕食者摄食。虽然继这次发现之后，在全球除了南极洲以外的每个大陆上都找到了埃迪卡拉动物群落，但它们似乎并没有在古生代之前的化石记录中出现。现在我们还不清楚，埃迪卡拉的海洋生物的灭绝是由于大灾难，还是由于不断变化的环境条件，或者只是被更成功进化的捕食者吃光了。

埃迪卡拉动物群落显著地说明了在古代海洋研究中采样所存在的问题。许多年来，地质学家们都是假定，在古生代以前，地球上根本没有生命存在，这并不是因为有证据表明确实没有生命，而是因为我们找不到生命存在的证据。在古生代以前，海洋中的生命基本上都是软体动物，既没有骨骼，也没有壳体，要成为化石保存下来，从地质角度来看，是不可思议的。大部分的软体海洋动物死亡后，沉入海底并很快腐烂。如果它们的遗体由于某种原因被软泥或沙快速埋藏，那么，它们能保存下来的概率就大大提高了。如果周围的沉积物受到富含硅钙等矿物的水的冲刷作用，可能会形成含有完整软体动物遗迹的岩层。如果一种生物具有壳体或骨骼，将更可能形成化石，这就是为什么我们对晚些时候的生命更加了解的原因。

圆圆胖胖的蛴虫

　　蛴虫是一群非常有趣的动物，圆圆胖胖的身躯有 20 多厘米长。身体前部有一个能神奇般膨大的吻部，吻的近上端有一对金色的钩状刚毛，围绕肛门还有一圈相似刚毛，喜栖身于沙滩或泥滩的半永久性洞里。它挖洞的方法很巧妙，前部的吻和刚毛像铲车一样在前方挖掘，靠身体后部的运动和肛门处刚毛的作用像推土机一样把挖出的泥沙向后推出洞外。洞一旦打成，它就在里边安居，不受骚动它是不会离开的。它前部的肌肉一收缩，身体就变细，洞外的水就被吸进来，收缩波沿身体往后传，变细的部分也随之后移，后方

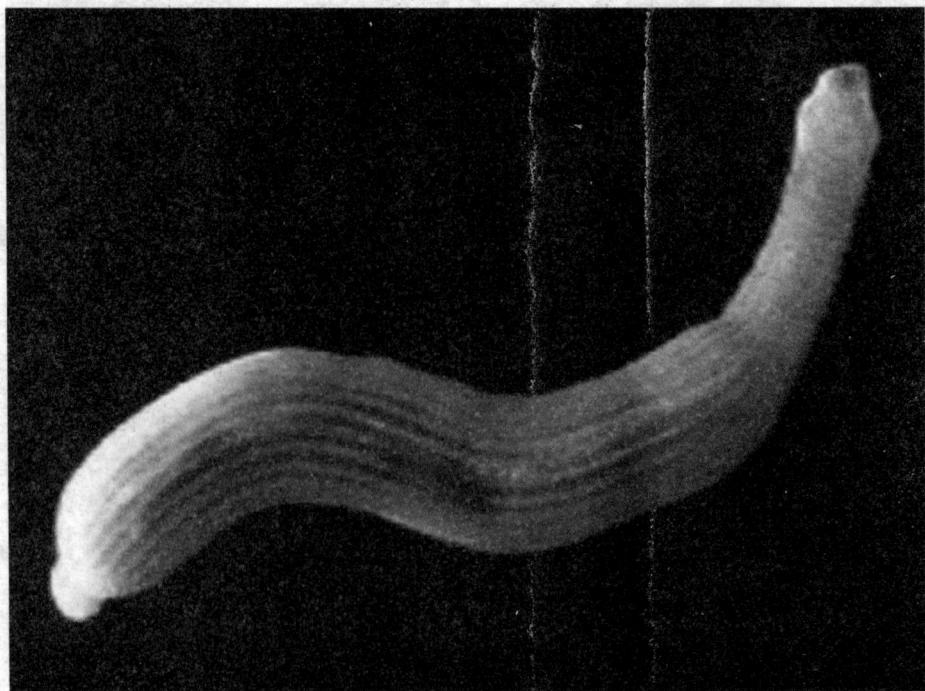

蛴虫

的水也就被往外推。这种蠕动作用，就像水泵一样把洞外的水吸进来，再由后方往外推。使洞里的水经常保持着"为有源头活水来"的清新状态。水蟣吃食的方法也很高明，它先分泌黏液形成一个网眼很细的网，置于洞口附近，然后身全向后退，网也随之向下拉长，等拉到5厘米~10厘米长时，它就在洞里停住，身体迅速蠕动使水流动，水从黏液网的网眼流过时，食物就被过滤下来。待网上积满食物时，它又上去，连网带食物一起吃进去。它虽是以过滤方式捕食，但它的过滤系统完全设置在体外。

大块的食物蟣虫就丢弃了，但也浪费不了，蟣虫的几位"亲朋好友"会来享用。有几种海洋动物喜欢借住在虫洞里，一来这里能给它们提供食物，二来比较安全。如约2厘米长的豆蟹和约4厘米长的多毛类蠕虫就是如此。多毛类蠕虫还总爱和蟣虫靠得更近一些，以便比豆蟹更快地得到食物。还有两个常客是小虾虎鱼和蛤。虾虎鱼是以此洞为家，涨潮时外出到泥滩上找食物；蛤不在泥滩上挖自己的浅洞，免得被人冲掉或被其他动物吃掉，而是在虫洞口下方的旁边挖通洞壁，把它那很短的出入水管伸进洞里，从洞内水流中吸取食物。

腰下宝珠青珊瑚

珊瑚礁区域往往成为"风景这边独好"的旅游胜地。人们漫步其上，拾珊瑚、捡贝壳，其乐融融。

珊瑚在能工巧匠手中可以制成各种精致的工艺品。如粉红珊瑚、黑珊瑚、金珊瑚和竹珊瑚等，能制造价值高昂的艺术品，人们常称它们是"珠宝珊瑚"。珠宝珊瑚业最初在地中海沿岸兴起，现多集中在太平洋地区，菲律宾、日本处主宰地位，我国台湾也有珠宝珊瑚加工业。1989 年，世界出产的粉红珊瑚价值 6000 美元以上，而且价格还在不断上涨。

珊瑚

我国古代就用珊瑚制品作饰物。《晋书》载："魏明帝好妇人之饰，改以珊瑚珠。"即将皇帝冕前后的旒由珍珠改为珊瑚珠。《清史稿》载雍正年间规定一品官、二品官的帽顶都是珊瑚顶。唐代大诗人杜甫有"腰下宝珠青珊瑚"的诗句。唐代文学家罗隐《咏史》诗："徐陵笔砚珊瑚架，趣胜宾朋玳瑁簪。"元赵孟頫《咏珊瑚》诗："仙人海上来，遗我珊瑚钩；晶莹夺凡目，奇彩耀九州；自我得此宝，昼夜玩不休。"皆赞赏珊瑚工艺品之精致、贵重和令人喜爱。用珊瑚建造的房屋美观耐用。我国台湾有许多街道用珊瑚铺成，坚固而平坦。有些珊瑚可作药用，能提炼出前列腺素。有的珊瑚用来制造水泥和石灰。古珊瑚被用来判断地质年代、寻找储油层等。近代人们用珊瑚骨骼制造能用以制造光纤与电缆的晶体纤维束。法国一位医生用珊瑚为人接骨，因为它含钙98％，与人骨很接近。现在愈来愈多的伤残人在腿骨和颌骨中装接了珊瑚骨骼。

珊瑚礁中有些鱼类如鹦嘴鱼、隆头鱼、叉鼻等，上下颌的牙齿愈合成板状，像钳子一样厉害，专门啃食活的珊瑚，显然是珊瑚的冤家。对珊瑚危害更大的是海星，大量繁殖后的海星能像农田的蝗虫一样，成群结队袭击珊瑚礁。如长棘海星爱吃珊瑚，尤嗜吃造礁珊瑚，它们也像其他海星一样，把胃翻出来盖在珊瑚上面，向可食的部分分泌消化酶，消化后溶解的部分就被胃吸收，使珊瑚死亡。

积沙成丘珊瑚礁

　　造礁珊瑚的生长速度并不快，块状种类年增长不过数厘米，板状者年增长 4 厘米 ~5 厘米，枝状者年增长 10 厘米以上，珊瑚群体能像树上长芽一样在边缘上长出芽体，每个芽体就变成新的珊瑚虫。这样，子生孙，孙又生子，子子孙孙几世同堂，使珊瑚不断扩大，群体之间不断重新聚合，且不断增高加宽，常言道积沙成丘，无数小珊瑚体就逐渐形成巨大的珊瑚礁。

　　珊瑚礁的形成并非全是珊瑚虫的功劳，还有许多生物的作用同样不可忽视。珊瑚藻分泌的钙质鞘和珊瑚的骨骼很相似，能紧紧附在岩石表面。多孔螅也能分泌碳酸钙形成骨骼，和石珊瑚长在一起。海绵中有些种类亦有钙质，硅质或解质骨骼亦有造礁作用。

珊瑚礁

珊瑚礁有大有小，离海岸有远有近，大致可分三类。第一类是岸礁。它沿海岸或岛屿周围延伸，像一条彩裙，又像一道坚实的屏障，保护着海岸免受海浪的冲击，有人又叫它"裙礁"。红海沿岸的岸礁有 2700 多公里长。第二类是堡礁。它与海岸隔海相望，其间隔有几十米深的礁湖，大致与海岸平行延伸。世界最著名的是澳大利亚大堡礁。第三类叫环礁。呈圆形、椭圆形或不规则环形，如岛屿下沉，周围的珊瑚礁就是环礁。全世界有 330 多个环礁，最大的如马绍尔群岛上的夸贾林环礁，面积在 1800 平方公里以上。

未露出水面的珊瑚礁称作暗礁，也被称做"航海者的坟墓"，因稍有不慎，船就容易触礁沉没。由于珊瑚虫还能进行有性繁殖，受精卵在消化腔中发育成浮浪幼虫，由口部排出随水漂流，不断扩大其分布范围，所以静卧海底的沉船用不了多久也会长满珊瑚。

埃及金字塔被诗人昂蒂伯特于公元前 200 年称做古代世界七大奇迹之一。但最高的"法老"胡夫的金字塔也不过高 146.6 米，与太平洋上的任何一个环礁都无法相比。大堡礁和珊瑚海被国际环境保护、教育、潜水、考古及博物组织于 1989 年 9 月评为"世界水域七大奇观"之一，它的确当之无愧。澳大利亚东北海域的大堡礁，南北长达 2000 公里，东西宽 65 公里，低潮时露出水面的面积有 8 万多平方公里，储存的礁石可以建造 800 万座金字塔。这些礁石是一个个小珊瑚虫建造而成，所以珊瑚礁的历史都比较悠久，长达几千年、几万年甚至百万年。

茂密海藻成软墙

在富饶的沿岸浅水区，长满了许多大型海藻。它们用假根将藻体固定在海底的岩石上或其他坚硬底质上。所谓假根就是说样子像根，但没有吸收水分及营养物等真正根的机能，只起固着作用。大型海藻含有气囊，可使它们的叶片在水中呈垂直状态由海底伸向表层。茂密丛生的海藻像海底的森林，像坚韧的软墙，对海岸往往有保护作用。狂风骇浪使坚固的码头和防波堤有时也难免毁于一旦，但海藻却可以随着海浪的进退，或起或平，或曲或直，常言道柔能克刚，靠这种变化就能挫败海浪的汹涌气势，使它溃散在这软墙之下，逐渐变小，变平静，从而保护好千里海堤和万吨码头。退潮后，大片丛生海藻也常露出水外，不得不短暂地忍受夏日的干热，冬天的风寒。但这

海藻

对它们似乎无明显的损害，涨潮后被海水淹没了，它们又恢复勃勃生机。海藻丛生的地方，也是海洋生物最丰富之处，海藻不仅为草食生物提供了丰富的食源，也为不少动物提供了栖息之地、隐蔽之所和繁衍生息的优良环境。

底栖藻也同样在阳光的照射下进行光合作用。光线射入水中后很快被海水吸收，透入水层的深浅与光波的长短有关。太阳光的光谱由红、橙、黄、绿、蓝、靛、紫色组成，红光光波最长，由红向紫逐渐变短。光波短，透性大，能达200多米深；光波长，能量少，只能透入几米或几十米深。各种海藻除叶绿素外还有一些其他色素。它们吸收光谱上各个部分的光能，并把光能转移给叶绿素。绿藻主要吸收红光，而红光透入水中很快被海水吸收，所以绿藻只分布于5米~6米深的水层中，使水的上层看上去呈绿色。橙光和黄光透入水层略深，主要为褐藻所利用，所以30米~60米深水中，往往是褐藻的天地。海水也几乎被染成褐色。再往深去，一般是红藻的世界，因为它们主要吸收绿光和蓝光，这些光波长较短，透入水层较深。底栖藻的个体虽大，但分布范围小，总的数量相对较少，所以其光合作用每年的生产力只有海洋浮游植物的2%~5%。

海洋植物

海洋植物指海洋中利用叶绿素进行光合作用以生产有机物的自养型生物。从低等的无真细胞核藻类到高等的种子植物，门类甚广，共13个门，10 000多种。其中硅藻门最多，达6 000种；原绿藻门最少，只有1种。海洋植物以藻类为主。海洋藻类是简单的光合营养的有机体，其形态构造、生活样式和演化过程均较复杂，介于光合细菌和维管束植物之间，在生物的起源和进化上占很重要的地位。海洋种子植物的种类不多，只知有130种，都属于被子植物。可分为红树植物和海草两类。它们和栖居其中的其他生物，组成了海洋沿岸的生物群落。此外，海洋植物还包含海洋地衣，它是藻菌共生体。海洋地衣种类不多，见于潮汐带，尤其是潮上带。

海洋地衣

海洋种子植物

海洋种子植物是海洋中能开花结果的高等植物。它们的种类不多，只有红树植物和海草两类，一般不包括盐沼植物。红树植物是热带和亚热带海滩上特有的木本植物。它们常常形成高矮不同的乔木或灌木丛林，形成红树林。在风浪比较平静、污泥淤积比较深厚、且有潮水淹没的浅海海湾和河口附近，最适宜红树植物的生长。

海草是指生长于温带、热带近海水下的单子叶高等植物。生活在热带和温带的海岸附近的浅海中，被认为是在演化过程中再次下海的植物。常在潮下带海水中形成草场。在世界上的分布很广，已知有 12 属 49 种，其中 7 属产于热带，2 属见于温带；3/4 的种类产于印度洋和西太平洋。中国沿海已知 8 属，其中海菖蒲、海龟草、喜盐草、海神草、二药藻和针叶藻等 6 属是暖水性的，产于广东、海南和广西 3 省区沿海；虾形藻属和大叶藻属是温水性的，主要产于辽宁、河北、山东等省沿海，其中的日本大叶藻的产地，延伸至福建省和台湾省沿海，甚至粤东、广西和香港沿海。海草场的腐殖质多，浮游生物甚丰，为幼小的鱼虾等海洋动物的繁生场所，也利于某些海鸟的栖息。大叶藻和虾形藻等干草，是良好的隔音材料和保温材料。

僧帽水母

　　葡萄牙僧帽水母是一种奇怪的动物。它们的祖先是一种呈坐姿过群体生活的古代原始动物。它们之中许多个体在未成熟期游来游去，寻找日后的生活伴侣。它们相互联合形成硕大的群体，但看上去似如一个独立的、结构复杂的单体。这种群体组合往往使人误认做一种稀奇古怪的动物，根本看不出它其实是一个和睦相处、共同生活的大家庭。

　　僧帽水母属于腔肠动物，处于其不同进化阶段的有两种不同形式的代表：过着依附生活方式的水螅体和自由漂移的水母。僧帽水母群体也由两种形式

僧帽水母

的代表组成：水螅体和水母。群体的核心是个空心柱，与群体所有成员内部的消化腔相通。由于这个腔肠系统，落到这里的食物平均分配给整个群体。在空心柱的上端是个体的水母，它钟罩形的帽子变成了充满气体的气罐。在群体中它被称为气囊，它的横断面长达 30 厘米。这个大气泡呈蓝色或紫色，淡虹色的脊背上部几乎完全露出水面，对葡萄牙僧帽水母来说它起着浮室和风帆的作用。

气囊壁具有相当大的密度，因而很坚实，能够经受相当大的内部压力，在内壁的下方是由水母群体许多成员组成的泳钟——"游水的钟"，它们有节律的收缩把水挤出，由而群体得以向目标移动。

群体中最重要的成员是营养水螅，这是坐在群体"肚子"上的水螅体，它们很像倒扣的小罐子。水螅体履行猎人和厨师的职责，喂养群体。为了捕捉猎物这些猎人备有小套索——带刺细胞的长枝形触角。触角负责捕捉并杀死猎物，将它送入"口"中，而水螅体戴着"尖顶小帽"开始为群体做饭。

群体的成员之间靠共同的神经纤维相互连接。因此一个成员受损就会引起整个群体的防御性反应：收缩触角和水螅体的躯体及气囊。由于呼吸管的缩小，群体的比重增加，于是整个生物体就沉下或者向别的方向移动。僧帽水母的游水气囊是不对称的，分成所谓"右翼"和"左翼"的群体。由于脊背呈"S"形，就便之更加不对称。葡萄牙僧帽水母迎风游动时，这种风帆便呈锐角，而且"右翼"向左，"左翼"向右。被风带到岸边的僧帽水母沿自身的垂直轴线转弯，向相反的方向逆风游动，这时呼吸管往往成一团。它们的小船队由葡萄牙僧帽水母的一部分"左翼"或"右翼"组成。两翼不能在一起游动，因为风把它们吹向不同的方向。成团成簇的编队运动很像一支支帆船船队在进行演习。

动物海绵

提到海绵，马上会想到洗澡时用的海绵，以及床垫、椅垫、布娃娃里装的海绵。其实，这些海绵都是人们用塑料制成的。那么，为什么管它们叫"海绵"呢？真正的海绵又是什么呢？

原来，海里确实生活着一种叫"海绵"的动物。在热带和亚热带海洋里生活着一种叫"沐浴海绵"的动物。它的骨骼很细，呈网状。当它死去的时候，身体便腐烂了，可是骨骼却没有烂。就像我们平时用的塑料海绵一样松软。人们觉得它的用处很大，就进行人工养殖和塑料仿制。

那么，海绵是一种什么动物呢？原来，海绵的构造非常简单，它没有嘴巴，又没有鼻子，不会游动，只附着在水中的岩石上。海绵上面有较大的开口，周围壁上还有成千上万的小孔，里面有个腔，也就是它的肚子，肚子里充满了水。肚子周围的体壁很薄，只有两层细胞。两层细胞间有骨骼。

海绵不能游动又没有嘴，那它是怎么捕食生存的呢？原来，它的内层细胞中长着鞭毛，能急速地摆动，使大海中的水源源不断地从小孔流入体内。细胞内还有一种像渔网一样的东西，可以把水中的小生物、氧气等海绵所需要的东西留下来，其余的水或食物残渣便由顶端的开口处排出。由于海绵结构简单，又没有多细胞动物所具备的消化器官、呼吸器官等，所以说海绵动物是原始的多细胞动物。

螺

地球上的大多数动物都能为自己建造可居住的"家"。其中，蜜蜂、喜鹊、纺织鸟、珊瑚等，都是名闻遐迩的动物建筑师。在提及动物建筑师的时候，不应该忘记螺类动物，它们盖房的本事可也不小呢！

螺类动物有海螺、田螺和蜗牛，都是我们非常熟悉的无脊椎软体动物。它们的肉很鲜美，是我们餐桌上的美味佳肴。人们最喜欢的是海螺，因为海螺的壳特别美丽，具有很大的观赏价值。

螺是一位单身住宅建筑家，螺壳就是它精心设计的"单身住房"。我们知道，其他建筑师盖的房子都是固定在一个地方不能随意搬动的，但螺的住房不同，它既小又轻，负在房主人背上可以四处移动，十分方便。因此，螺不必为"回家"问题而操心。

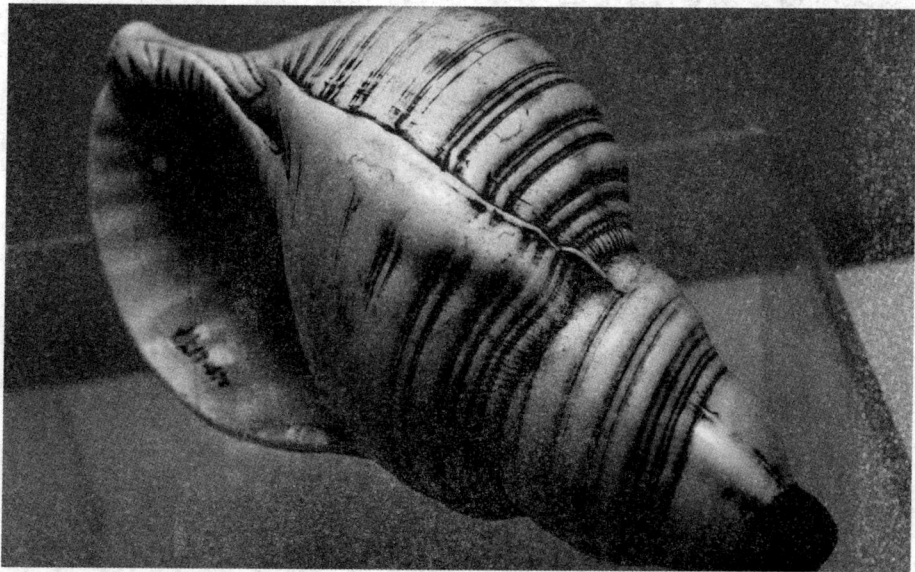

螺

螺类动物的外壳虽然都呈螺旋状，但在外形上却有很大区别，有像宝塔的，有像圆锥的，有像纺锤的，有像陀螺的，还有像盘子或越南式草帽的，更有像双锥的。有些螺长得圆溜溜的，看上去跟皮球或鸡蛋差不多。

螺壳的建筑非常考究，分内、中、外三层。中层最厚，用方解石筑成；外层用薄薄的、比较粗糙的彩色角质层作壳面，并常常饰以花纹；内层也很薄，用文石做成，被"加工"得特别光洁，因为这层壳紧挨着主人柔软、稚嫩的肉体。

螺壳的薄厚和坚固程度是根据所处自然环境来进行"设计"和"施工"的，在多石的水底，为避免磨损，壳就长得很厚实；有些螺是过飘浮生活的，这类螺的壳长得非常薄而轻巧；在多淤泥的水底，螺怕陷到泥里爬不出来，所以壳口和壳体长出许多刺，这样就万无一失了。

有些螺还在足的后端长着一个角质或钙质的壳盖，这是当门用的，螺遇到不速之客侵扰时，立刻缩回身体，关起大门，给来客吃"闭门羹"。

螺的坚固、美观、轻便的单身住房，深受海中的"单身汉"——寄居蟹——的喜爱。螺死后，它的房产常常被不会盖房的寄居蟹所占有。

地球上螺类分布得很广泛，海洋、湖泊、河流、田间、高山、沙漠均能找到螺类动物的踪迹，连一些严酷的自然环境里，大多数动物都无法在其中生存，但某些种类的螺却能照常在那儿过日子。螺类动物之所以能浪迹天涯，四海为家，显然是与它们具有惊人的适应各种生活环境的能力分不开的。而这种能耐又与它们具有奇妙的螺壳有关。螺壳能御寒，能防热还能避敌害，同时又能背着到处走，实在是一件建筑杰作。

海 参

海参是潜居于从深海到浅海底部泥沙里的一种棘皮动物。在它那细长的、肉乎乎的身上，长满了肉刺，颇像一根黄瓜，人们形象地称它为"海黄瓜"。在海参身体前端的中央有一小孔，这是它的嘴。它从嘴里吸进海水，再从肛门喷出。在海参嘴的四周，有一圈圆柱状像茉莉花似的触手，这是它取食的工具。在它身体的腹面上还有许多管足，它凭借着这些管足，可在硬底质的海底爬行。

海参约有 900 种，分布在世界各海洋里。我国的海参种类较多，其中有 20 多种可以食用。像刺参和梅花参是中外闻名的海产珍品。

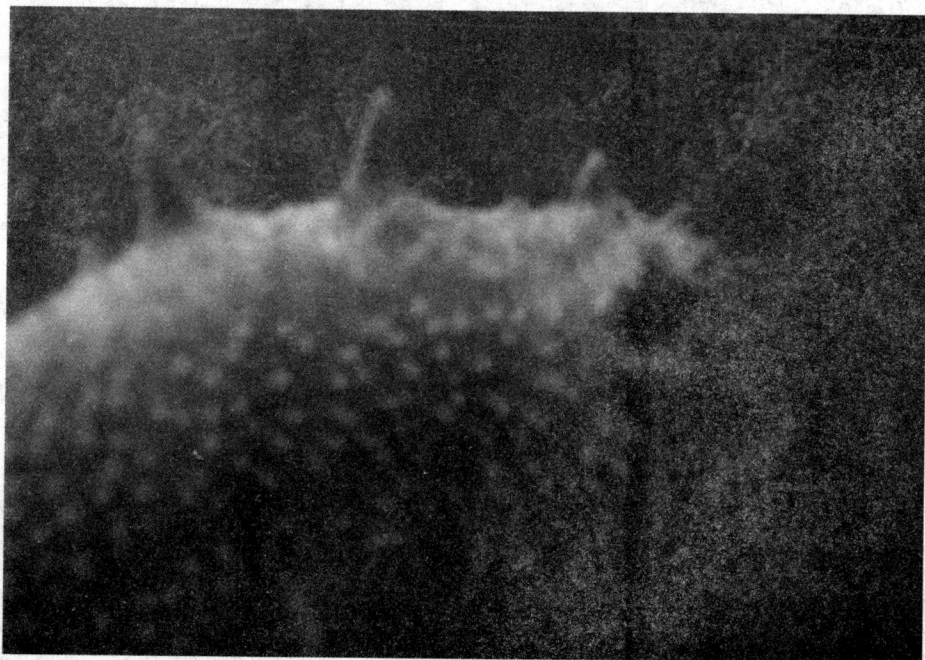

海参

不少人都觉得海参软绵绵的，没有骨头，其实不然。海参是有骨头的，只是它的骨片大多退化而且埋在体壁内，又非常小，要在显微镜下放大几十倍才能看清。据统计，有的海参体内有近2000万个小骨片呢。这是多么惊人的数字啊！这些骨片中较明显的是石灰环，它像一圈项链围在海参的咽喉四周，有的海参在泄殖腔附近还有薄薄的肛板。

从海参的小骨片上，可以了解到它们发展的历史。早在6亿多年前，海参就出现在地球上了，它们生活在细沙海底、岩礁底或珊瑚沙底等地方。经调查研究发现，深海海参的种类很多，在4000米深处，它们占那里总生物量的50%，而在800米深处，则高达90%，可见深海海参有极强的适应深海环境的能力。

海参不爱活动，行动缓慢，在生存的竞争中，"练"出了一套特殊本领：一旦遇到敌害，在万不得已的时刻，它能从口中把内脏吐出来，"送"给对方，自己趁机溜走。请不用担心，它不会死。这种动物的再生能力极强，过不了多久又能长出新的内脏。

说来有趣，不少动物到了秋末冬初，由于气候寒冷及食物来源断绝，先后躲到树洞、岩洞、泥土下去"冬眠"。海参却相反，它有个夏眠的习惯，这是怎么回事呢？

原来，海参是以浮游生物为生的。当小生物多的时候，它们就大吃大喝，生活过得很愉快。然而，入夏以后，上层生物都浮到海面进行一年一度的繁殖。这时生活在海底的小生物也浮到了海面上，以吃小生物为生的海参都饿得爬不动了，作为应付这一期间挨饿的对策，它们除了"睡眠"外，别无办法。既然一般动物在冬季迫于食物中断可以进行冬眠，那么，海参迫于夏季的食物中断，又何尝不可以进行"夏眠"呢？

鲎

鲎是一种生活在海洋里的节肢动物，和蜘蛛是近亲，它的头和胸相连，外形犹如马蹄，所以，渔民又把这个偶然猎得的奇怪的动物叫做"马蹄鲎"。鲎头部正中的是嘴，在嘴的周围有 6 对长爪，行动宛如蜘蛛，所以，又有人称它为"鲎蛛"。鲎的全身披着硬甲，还有一条坚硬而长满针刺的长尾巴。这自然是为了防身。但是在鲎的身上，出现了一个奇怪的现象：除了在它的头部两侧各有一只复眼外，在头部正中，还有一对单眼。它怎么有这么多眼睛呢？而且，既然是单眼为什么又冠以"对"呢？这是因为，它的这对眼睛，两只眼完全合在一起，只在正中以一条细细的黑线相隔。可不要小看这对单眼，它却是鲎行动的指南，又是近代仿生学者急于模拟之物。它像一具最灵敏的电磁波接收器一样，能接受到深海中最微弱的光线。鲎就靠着它，生活在深邃的海底，行动自如，从不迷失方向。

早在泥盆纪就生成了的鲎，要从时间上来算，它已经经历了 4 亿个春秋。从生物进化的进程来说，它却一直停滞在泥盆纪，成为泥盆纪生物的活标本。当幼鲎由于阳光照射、温沙孵育而挣脱卵壳问世时，它的长相可以说和岸边冲积而至的三叶，虫的后代一模一样，这就再清楚不过地说明它是古三叶虫的后代。

从环境来说，早在古生代的寒武纪，我国南方形成了地质学上称之为"华夏古陆"的大陆，也形成了厦门、宁波、湛江等地的深海水域。这个时期，海域温暖平静，没有致命的细菌威胁。从生物发展的角度来说，环境的安逸，就无需去战斗。脱离了生存斗争，生命也就中止了从低级到高级、由简单到复杂的进程。鲎，就这样告别了同期的生物，成为当今世界上仅有的 5 种活化石之一。

儒 艮

美人鱼是我国一类保护动物。

美人鱼的传说，不论在中国，还是在国外，都已经流传很久了。其实美人鱼既不美，也不是鱼。

美人鱼学名叫"儒艮"，属哺乳纲、儒艮科，它的外形有些像鲸，但是它的头和躯干之间有短的颈，这是与鲸所不同的地方。前肢呈桨状，和真正的鱼的尾鳍很相似。要说美人鱼美可太过奖了。你看，在它圆圆的脑袋上，长着两只小眼睛，鼻孔却又长在头顶上，嘴向下张着，上唇不但特别厚而且还向上翘起，雄美人鱼还多生有两颗大獠牙，突出在嘴外，就其外貌来说，是个不折不扣的大丑八怪。

儒艮一年四季都可以交配，雌儒艮怀孕5个月就能生仔，每次只产一仔，小儒艮刚出生时体重约20多千克。出生后的儒艮趴在母兽的背上，母兽将它托出水面进行呼吸，然后再慢慢放到水中。大约要经过半年左右，小儒艮才开始吃水草，在两三年内它都跟着母亲一起活动，直到小儒艮性成熟后，它才自己独立地去生活。一般成年儒艮身长可达4米左右，体重约400千克。

儒艮的眼力不好，但其嗅觉相当灵敏。它的牙齿宽而平，很适合吃海藻、水草等水生植物。儒艮的胃和牛胃一样，也有四个室，这样可以充分消化和磨碎食物。这一点，就足以说明它起源于陆生食草动物，最后才来到海洋生活。

现存的儒艮仅有三种，它们分布于印度洋、太平洋、亚非沿岸以及东南亚、日本和我国。

由于对儒艮的无情滥捕，致使儒艮的数量日趋减少，已濒临灭绝。目前国际上已成立了儒艮研究中心。主要研究如何使儒艮在清除水道、水库中的杂草方面发挥它应有的作用。同时，研究如何采取措施进行保护，以及进行人工繁殖等项目。

海洋游泳生物

　　海洋中有大量的能在水层中克服水流阻力、自由游动的海洋生物。它们都具有发达的运动器官，是海洋生物的一个生态类群。1891 年德国学者 E. H. 哈克尔首先使用"游泳生物（Nekton）"一词。研究者对游泳生物各个门类形态、分类的研究早已进行，但把游泳生物作为一个生态类群进行研究，则是在哈克尔之后。1912 年和 1916 年，奥地利 O. 阿贝尔分别在关于脊椎动物和头足类的著作中，第一次把隶属不同门类、具有不同体型、但在行动上有一定趋向性的水生生物归并为游泳生物。20 世纪 30 年代以后，对海洋游泳生物的形态功能、生物力学以及生物声学等方面进行了许多研究。

海洋游泳生物

海洋沉积生物

　　海洋沉积生物是体形较小、具有坚硬的介壳或骨骼并构成海洋生源沉积的海洋生物。"海洋沉积生物"是一个包括多个门类的海洋生态类群的统称，其主要成员为原生动物的有孔虫、放射虫、鞭毛虫；软体动物的翼足类、异足类；节肢动物的介形虫；以及苔藓虫、颗石类、硅藻类。它们中有的终生营浮游生活，也有的营底栖生活。浮游种类大部分是远洋性的，种类虽少，但数量巨大，是构成世界各大洋钙质软泥和硅质软泥的主要生源成分；营底栖生活的种类繁多，自滨岸潟湖至深海盆均有分布，主要集中于大陆架区，但对构成所起的作用，则远逊于浮游类群。

各种海洋沉积生物

海洋细菌

海洋细菌指生活在海洋中的、不含叶绿素和藻蓝素的原核单细胞生物。它们是海洋微生物中分布最广、数量最大的一类生物，个体直径常在 1 微米以下，呈球状、杆状、螺旋状和分枝丝状的微生物。无真核、细胞壁坚韧。能游动的种以鞭毛运动。19 世纪中期首次分离出一个海洋细菌，1865 年分离出其中的奇异贝氏硫细菌。从 1884 年起，又研究深海细菌。早期只注重分类，1946 年后进入以研究其生理和生态为基础的阶段。海洋细菌有自养和异养、光能和化能、好氧和厌氧、寄生和腐生以及浮游和附着等不同类型。海水中以革兰氏阴性杆菌占优势，常见的有假单胞菌属、弧菌属、无色杆菌属、黄杆菌属、螺菌属、微球菌属、八叠球菌属、芽孢杆菌属、棒杆菌属、枝动菌属、诺卡氏菌属和链霉菌属等 10 多个属；洋底沉积物中以革兰氏阳性细菌居多；大陆架沉积物中以芽孢杆菌属最常见。

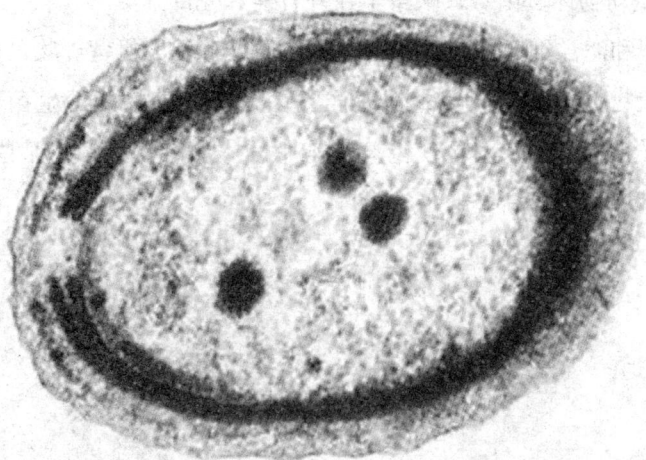

海洋细菌

海洋真菌

生活在海洋中的能形成孢子且有真核结构的微生物。大多数海洋真菌栖于某种基物而生活，少数自由生活，因此，真菌在海洋中的分布主要取决于寄主的分布。依其栖生的习性，海洋真菌可分成 5 种基本的生态类型：

（1）木生真菌。在海洋水体中数量最多和分布最广的高等真菌，营腐生生活，善分解纤维素。在热带海域和浅海环境中分布更加广泛。已知有子囊菌类 76 种，半知菌类 29 种，担子菌类 2 种。

（2）寄生藻体真菌。约占海洋真菌种数的 1/3，其中以子囊菌类居多。有腐生、寄生和共生等类型。

（3）红树林真菌。多半是腐生菌，其中子囊菌类 23 种，半知菌类 17 种，担子菌类 2 种。

（4）海草真菌。数量很少，多栖居于叶部。

（5）寄生动物体真菌。只限寄生在外骨骼和壳部处。

海洋真菌和海洋细菌都参加海洋有机物的分解和无机营养物的再生过程，不断为海洋植物提供有效营养；但海洋真菌是海洋动物的寄生菌和致病菌，有的能使海洋植物致病，甚至使港湾设施中的木质结构腐烂；某些海洋真菌能破坏聚氨基甲酸酯等高分子合成材料。

海洋发电动物

海洋中有一些具有发电能力的动物。迄今仅在鱼类中发现，称为"电鱼"。电鳐是发电能手，分布于热带和亚热带海域。

电鳐的发电器是由肌肉组织衍生而成，其发电部位随种类而异。发电器的放电是连续脉冲放电，高频率放电可达 250 赫 ~ 280 赫，低频率放电只有 10 赫 ~ 20 赫。温度对放电时间有影响，温度高时放电时间短，温度低时放电时间长。电能耗竭后，经过一段时间的休息可恢复放电能力。电鱼的发电器产生的电压，随种类不同相差很大，一般可由几伏到数百伏，最高可达近千伏。产于中国广东沿海一带的单鳍电鳐和双鳍电鳐，被当地渔民称为"震手"，电压为 37 伏 ~ 45 伏。

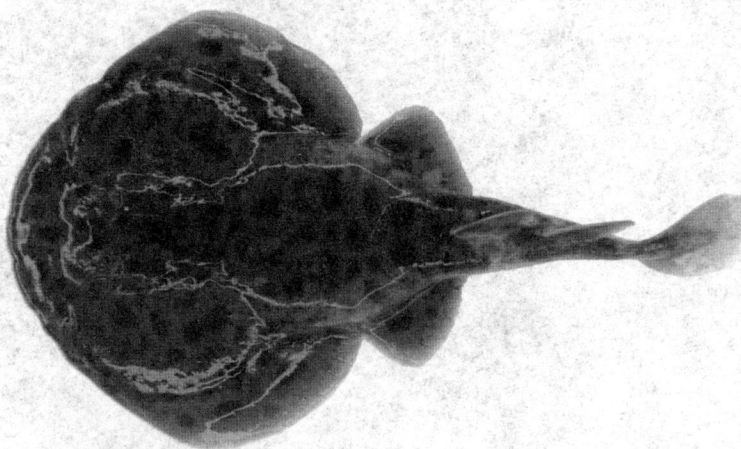

电鳐

海蛇科动物

海蛇科是海洋中唯一的有毒爬行类，有50余种。它们分布于热带和亚热带海域中，在中国主要产于南海。

海蛇的毒素，主要有4种：

（1）神经毒素，会引起麻痹，导致死亡。

（2）卵磷脂酶，起破坏红血球作用。

（3）抗凝固酶，能阻止血浆凝固。

（4）透明脂酸酶，起扩散毒素作用。

海蛇毒素的致死量依种类而不同，一般为毫克3毫克～10毫克。通常每条海蛇所含的毒素量高达10毫克～50毫克（千重）。所以被咬伤后死亡率很高，可在数小时内死亡。但如果注射抗毒蛇血清，能很快治愈。

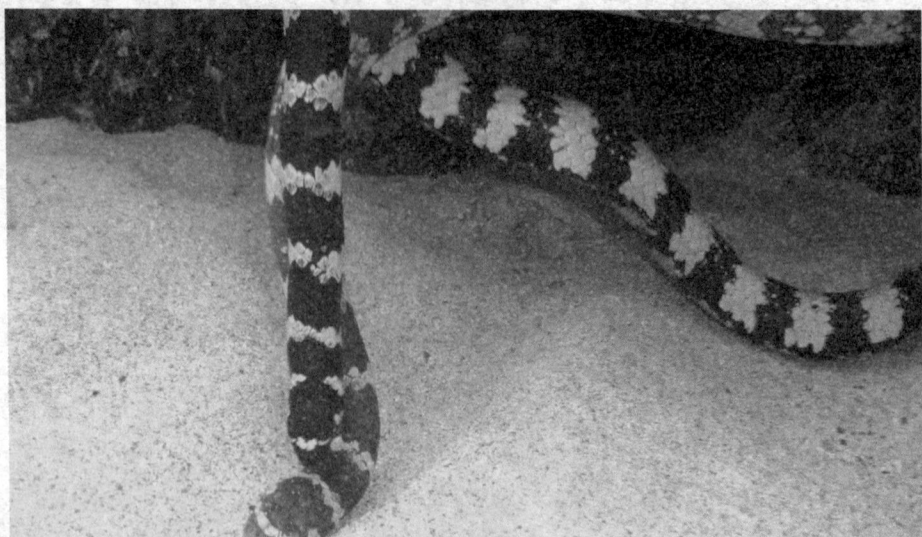

海蛇

海洋发光生物

"海洋发光生物"是自身具有发光器官、细胞（包括发光的共生细菌），或具有能分泌发光物体腺体的海洋生物的统称。海洋中能发光的生物种类繁多，有浮游生物、底栖生物和游泳动物。"生物发光"它是化学发光的一种类型，是化学能转换为辐射能过程中放射出的可见光，因为散发的热量非常少，又称为"冷光"。

鱼类发光现象是由于体上分布了一些发光的器官，这种器官内的某些特殊物质在缓慢的氧化过程中放出一种"冷光"。发光器官由四部分组成：腺体、水晶体、反射器、色素体。有

章鱼

些鱼类发光，是由于自身组织中具有一种能发光的细菌与其共生，或由皮肤分泌一种能够发光的液体，即荧光素。发光的生物学意义：种类识别、照明、引诱食饵、惊吓敌害。

海洋软体动物

海洋软体动物指一类身体柔软、不分节、一般左右对称、通常具有石灰质外壳的海洋动物，俗称"贝类"。软体动物的种类繁多，有 10 万余种，其中有一半以上生活在海洋中，是海洋中最大的一个动物门类。软体动物有 7 个纲，除双壳纲中约有 10% 为淡水种类、腹足纲中约有 50% 为淡水和陆生种类外，其余全是海产种类。海洋软体动物分布很广，从寒带、温带到热带，由潮间带的最高处至 1 万米深的大洋底，都生活有不同的种类。软体动物一般由头、足、内脏囊、外套膜和贝壳 5 部分组成。头部生有口、眼和触角等；足在身体的腹面，由强健的肌肉组成，是运动器官；内脏囊在身体背面，包括神经、消化、呼吸、循环、排泄、生殖诸系统；外套膜和由它分泌的贝壳包被在身体的外面，起保护作用。

鲍鱼

海底大胡子蠕虫

1979 年冬天，美国一支海洋考察队在太平洋加拉帕戈斯群岛附近水深 2500 米的一处海底温泉口处，发现了一种新的须腕动物——科学家们暂时称它为"大胡子蠕虫"。这是人们从未见过的一种神秘生物。它的躯体全长约 2 米多，没有嘴、眼睛和消化器官，只有神经系统，全身呈粉红色。

大胡子蠕虫为什么能终年在不见阳光的海底生活？它以什么为食？这是科学家们很感兴趣的研究课题。

生物学家们认为，大胡子蠕虫不可能获得海洋表面那些依靠太阳能在光合作用过程中形成的碳水化合物。那么，这种蠕虫的能量供给者又是谁呢？

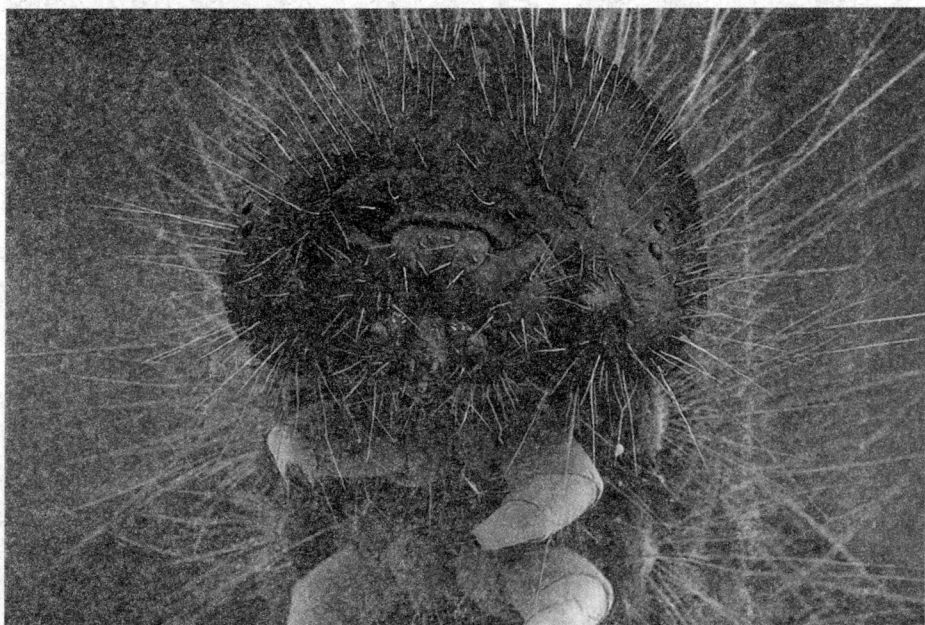

大胡子蠕虫

经过科学家们的长期研究，初步了解到，这种蠕虫是从生活在自己体内的细菌身上获得能量的。原来，细菌和大胡子蠕虫处于共生状态。这种细菌具有特殊的本领，为了报答蠕虫主子所给的居住之恩，就不断地给蠕虫供应食物，它利用溶解在海水中的二氧化碳和海底温泉水里含有的硫化物进行化学合成，形成碳水化合物，供蠕虫吸收。

要完成这种合成作用，必须依靠一种重要的物质——酶。加利福尼亚大学有3位生物学家经过研究，发现大胡子蠕虫体内的细菌能够制造这种酶。这样，科学家们就初步揭开了大胡子蠕虫为什么能在永久黑暗的海底生活的这一自然之谜。

但是，大胡子蠕虫身上还有一些谜没有被揭开。例如，大胡子蠕虫为什么能和细菌共生？科学家们仍然没有搞清楚。又如，大胡子蠕虫是所有生物中寿命最长的生物之一，所谓2米多长的蠕虫，实际上是指它自己建造的供居住的管子的长度，据生物学家分析，蠕虫建造这种管形住宅的速度很慢，哪怕是1毫米长也需要250年，如果建造75厘米长的管子，就需要18万年以上，要建造2米多长需要多少万年就显而易见了。大胡子蠕虫为什么会有如此长的寿命？这个研究课题就更加神秘和更加有意义了。但是，科学家们仍未能解开这一大胡子蠕虫的长寿之谜。

最大的海水鱼

1919 年在泰国湾内捕到一条鲸鲨，体长 17.7 米，重量约 40.5 吨，是目前为止发现的最大的一条鱼。鲸鲨是鱼中之王，它那庞大的体躯，仅次于世界上最大的动物——蓝鲸。这样大的鱼，小木船遇到它，得退避三舍，不然的话，难免翻船。

鲸鲨的长相颇为特别，与其他鲨鱼有许多不同之处。比如，鲨鱼的嘴在头部腹位，而它的嘴在头的前端；它的鳃也与众不同，鳃弓具角度鳃耙，相互交叉结成海绵状过滤器；背部两侧灰褐色，散布许多白色或黄色斑点，体侧自头后到尾柄有白色或黄色横纹 30 条，每侧还有 2 条显著的皮嵴，眼小，鼻孔大，一副怪模样。为大洋性的鲨鱼，常成群结队游于水面，有时洄游到近海。我国南海、东海、黄海均有发现。鲸鲨的胃口是很大的，张开大嘴巴，通过鳃滤出水中的小鱼、小虾和浮游生物，然后吞下肚去，一顿要大量的小鱼、虾和浮游生物。鲸鲨饱食后常懒洋洋地浮在水面晒太阳，人们常常趁机将它捕获。它的肉并不鲜美，但可制鱼粉和药；肝可制鱼肝油；皮可制革，故有较大的经济价值。

在将近 250 种鲨鱼中，多数种类齿利性凶，游泳迅速，在海洋中横冲直撞，肆虐其他动物，有时还袭击人。和这些鲨鱼的习性不同，尽管鲸鲨是个庞然大物，却性情温和，无危害，只要不伤害它，它总是很有"礼貌"。据记载，国外还有潜水员骑在它的背上遨游海洋的。

最大的章鱼

章鱼与乌贼的形状很相似，只是乌贼头上有 5 对足（或称"腕足"），而章鱼为 4 对，故俗称"八爪鱼"。

章鱼的脑已相当发达，可说是"海洋中的灵长类"。它那灵巧的腕足能搬运石块、贝壳、玻璃等"建筑材料"以修造自己的房屋，建设海底"都市"。受过训练的章鱼，竟有认记主人的能力。更有趣的是章鱼还有对器皿嗜好成癖的习性。法国潜水家库斯托和久马曾在距马赛不远的海底，发现一只古希腊时期的沉船，货舱中有许多盛酒用的双耳瓶，几乎每个双耳瓶内都有 1 只章鱼。小章鱼常把牡蛎、海螺的贝壳作为栖身之地。上世纪初，希腊、日本的渔民大量捕捉章鱼，意在利用它的奇特习性来打捞沉没在海底的贵重陶瓷器皿。

章鱼

　　章鱼的每只腕足上密集着大小不一，约 100 来只吸盘，能将猎物紧紧吸住，因而被认为是它们最可怕的武器。传说中常把章鱼描绘成凶残的海怪。著名的法国作家雨果在他的《大海的劳工》一书中，把章鱼刻画成"一具有形体的恶魔，将会把人拖住吸干"，其实哪有如此毛骨悚然的情景？居住在大洋洲吉尔柏特群岛的土著，往往利用章鱼的脑就在两眼之间表皮下的特点，二人一组，一个作饵，另一个对准它脑部用牙咬把它杀死。当然，在这生死关头，必须配合准确，一丝不差。

　　迄今已知的最大章鱼是普通的太平洋章鱼，潜水员们热衷于和这些大动物进行搏杀。1973 年 2 月 18 日，潜水员海根在华盛顿州的夏胡德运河 18.3 米深处，用单手以"角力"方式捕捉了 1 只章鱼，其腕足展开后的半径是 7.8 米，重达 53.6 公斤。另有一则报道说："1896 年 11 月，美国佛罗里达州圣奥古斯丁的海滨，曾发现一堆重约 6 吨~7 吨的海生动物残骸。经华盛顿美国国家博物院化验，直到 1970 年才确定那堆残骸是大型章鱼的遗体，估计腕足张开可达 61 米"。人们也许在感叹章鱼之大以外，更要感叹获得这一化验报告的时间之长了！

最毒的鱼

　　毒鱼可分为有毒腺的鱼类和有毒鱼类，前者又可称为"棘毒鱼类"。世界上最毒的棘毒鱼类是毒鲉科鱼类。它们相貌丑陋但色彩艳丽，是爱打扮的丑八怪。生活在印度、太平洋的热带水域中。其中最危险的要算是毒鲉，它有一个很大的毒腺，通过其背部的 13 根耸立的背棘来放毒，使受害者在 6 小时内即毙命。它有一个第二呼吸系统，所以它在离水情况下，还能存活 10 小时以上。它那坚韧的刺能够刺穿胶鞋底和皮肤。但尽管如此，鲉鱼也有它们的天敌，成鱼有时会被缸鱼吞吃掉，幼鱼则常成为大海螺的美餐。

　　世界上最毒的有毒鱼要算纹腹叉鼻鲀。1774 年有位叫詹姆斯·库克的船长在他的航海日记中有这样一段记载：那天他的助手从当地土人那儿买了条鱼，样子有些像翻车鱼，脑袋又大又长又丑陋，由于时间很晚了，所以只做了鱼肝和鱼子尝尝新，但在早晨 3 点就发生了中毒症状，头昏脑胀，四肢麻木，另有一头猪则因吃了鱼内脏而死亡。这就是一次世界上最毒的有毒鱼——纹腹叉鼻鲀——中毒事件的记载。这种鱼分布于红海和印度、太平洋海域，它的卵巢、肝、肠、皮肤、骨甚至血液中都含有一种神经毒素——鲀毒素。研究人员还发现：鲀毒素的毒力与生殖腺活性密切相关，在繁殖季节前达到高峰。如果在这个季节中不慎吃了这种鱼，2 小时内就可能死亡。鲀中毒或河豚中毒是海洋生物中毒中最剧烈的一种。

最大的蟹

　　分布在日本东京湾和千叶县以南的太平洋沿岸的日本高脚蟹，生活在半深海中。这种底栖大型蟹类，体呈紫红色，头胸甲形似葫芦，长 40 厘米，宽 33 厘米。螯足细而长，雄的螯足长 2 米余，雌的近 1 米，若把左右螯足敞开，相距可达到 3 米以上。它是迄今所知最大的蟹。这种蟹是日本的特产，产量高，肉质洁白，味鲜肉嫩，富有营养，经济价值高，每年加工的蟹肉罐头销往国内外市场，深受欢迎。

　　每年春天 4 月～5 月间，是繁殖季节，它们漂游到水深 60 米～100 米的浅海底上，雌雄彼此寻找合适的配偶，一旦物色满意，雄蟹彬彬有礼地伸出长而有力的大螯紧握雌蟹的大螯长节，它们"握手"时间有长有短，长的可达 3 天～8 天。在"握手"的几天中，它们不活动也不摄食，雌蟹趁此赶快脱壳，这时雄蟹自行松"手"相互暂且离开。脱壳完毕，雌蟹蹲伏海底，展开腹部与头胸甲成垂直状，准备产卵，雄蟹则再度凑近，当雌蟹大量排卵时，雄蟹立即对排出的卵授精。受精卵附在雌蟹腹脐上发育。刚孵出的幼蟹形状与它们的父母完全不同，它们行浮游生活，以浮游生物为食，从幼蟹到成蟹，要经过多次变态，生长速度甚快，幼蟹到后期，开始移向深水，最后回到半深海定居。

最凶猛的海兽

虎鲸是世界上最凶猛的海兽。它体长可达 9 米,背中央有一个三角形的极大背鳍,高度达 30 厘米~40 厘米,起舵的作用,或可作为进攻时的武器。它的上下颌每侧生 10 个~13 个尖圆锥状大而有力的牙齿,这是掠杀其他动物的强大武器。虎鲸是群居性的海兽,常以三四头小群或三四十头大群进行集体捕猎。

据 1979 年 4 月美国《国家地理杂志》报道,科学家在墨西哥的下加利福尼亚海区,发现一群约 30 头虎鲸围猎一头长约 18 米多的幼蓝鲸,其情景与陆地上群狼围猎鹿十分相似:"你一口,他一块",把一块块的鲸肉和鲸脂从这头蓝鲸身上撕下来,集体美餐一顿。这种极为难得的镜头,摄影师已经捕捉到了。

这群虎鲸在围袭蓝鲸时似乎有分工的。一些虎鲸在它的两侧,就像要管住它;两头在前,两头在后,以阻止它逃跑;另一些好像是要迫使它沉在水下,不让它露出水面呼吸;还有一些在它的腹部下监视,以防止它潜水溜走。这场围袭战,从下午 1 时开始,经历了整整 5 个小时,战线长达 20 海里,形成一条血河。到下午 6 时,这头蓝鲸已是遍体鳞伤,鲜血淋淋,看上去已活不长了。

虎鲸在海洋里,除了围猎蓝鲸外,还猎食其他海兽、大型鱼类和企鹅等动物。曾记载,在一头长 6.4 米的虎鲸胃内,有 13 头海豚和 14 只海豹,这样凶暴和残忍的海兽,难怪人们称它为"海上霸王"。

但是,经过驯养的虎鲸,会变得性情温驯,极富有智慧,作出各种精彩的表演,成为人类的朋友。

最懒的鱼

海洋里有一种鱼，叫"鮣鱼"，或称"印鱼"，是"鱼中懒汉"。它既想涉足重洋，又不肯出一点力气，总是千方百计寻找机会依附在别的动物身上或船只底部，进行"免费"旅行。

鮣鱼之所以能免费旅行，主要是在它的头部生有一个特殊的吸盘，借以吸附在鲨鱼、鲸鱼、海龟等海中动物的腹部，有时附着在船的底部，跟着它们不花分文周游海洋。当它到了饵料丰富的场所，就离开"主人"，横冲直撞地去觅取食物，直至果腹后，再去寻找新的"主人"，进行新的旅行。鮣鱼这样做，既可以不费丝毫的力气到达有丰富饵料的海域，得到美味可口的食物，又可以避免敌人的袭击，还可以乘"主人"捕食之机捡得一些残余食物充饥。

鮣鱼的身体延长，长达80多厘米，长得漂亮，通体黑褐色，具两条白色纵纹。头扁平，口大。它的吸盘是由背鳍转化而成的，其形状似印章，因此得名。吸盘的构造相当复杂，由许多横板构成，吸附时横板竖起，形成一系列的真空室，因而就吸住了他物。太平洋中的一些岛屿上的渔民和非洲桑给巴尔岛上的渔民，常利用鮣鱼捕捉海龟和大鱼。方法是这样的：渔民把绳子的一端拴在鮣鱼的尾柄上，发现海龟或大鱼，立即抛出鮣鱼，鮣鱼很快就吸住海龟或大鱼。一旦被吸住，休想逃脱，只得乖乖被俘。据测定，鮣鱼吸盘的吸附能力是很强的，一条60厘米长的鮣鱼，就能承受10千克的拉力，所以一般来说，要把它与被吸物分开是不容易的。但也有一个窍门，只要把它向前滑动一下，就很容易拉开。

救死扶伤的"虾大夫"

　　海洋动物有时也会生病，生了病有谁给治疗呢？海洋里的医生是一些清洁生物，其中就有我们要介绍的"清洁虾"。这种虾生活在温带和热带海洋，一向以热心医疗保健工作而著称于海内。

　　在巴哈马热带海域，有一种叫"彼得松岩虾"的清洁虾，透明的身上长着白色条纹和紫罗兰色斑点，色彩艳丽动人。它们在珊瑚礁中鱼类聚集处找到洞穴，常与海葵为邻，办起"医疗站"。要是有鱼来看病，它便殷勤地舞动起头前一对比身体长得多的触须，游到离洞口一寸左右的地方，毫不犹豫地爬上鱼身，先诊断病情，接着用锐利的钳把鱼身的寄生虫一个个拖出来，再清理受害部分，干净利落，"手"到病除。为剔除鱼牙缝中食物的残渣，它还

清洁虾

得钻进鱼儿嘴巴里，在一颗颗锋利的牙齿之间穿来穿去，忙个不休；当检查到鳃盖附近时，鱼儿便依次张开两边的鳃盖，让它爬进去捕捉寄生虫。倘若鱼儿自认为尾部病情更为严重就会把尾巴伸过来，请示先行治疗。对于鱼身上的腐烂组织，清洁虾是决不留情的，严重时要动"大手术"治疗，"手术"细致彻底，鱼儿疼得挣扎摇动，也不会影响"手术"的顺利进行，其认真负责的劲儿，实在令人惊讶！

其"医疗站"开张的消息传开后，鱼儿纷纷前来就诊，工作紧张而又繁忙。有的是老病号，一天要光顾好几趟，比觅食花的时间还多；有的是新伤员，急于前来求诊就医。即使清洁虾搬迁后，鱼儿们还是络绎不绝地尾随而至，希望得到医治。

世界上的热带清洁虾包括彼得松岩虾在内，已知的有5种。有时它们会同一些清洁鱼，如霓虹刺鳍合作，共同开设"医疗站"。猬虾和黄背猬虾有着各自的服务对象。猬虾的工作场所设在宽敞明亮的大洞穴，专门清洁大鱼；黄猬虾喜欢在狭小阴暗的洞里，只为小鱼们服务，它待在洞穴，把长长的白触须伸到洞处，舞动着，吸引鱼儿前来就医。

温带的清洁虾不设固定的"医疗站"，像加利福尼亚的鞭腕虾，设的是"流动诊所"。它们四处流动，出门行医。它们成百上千个成员组成医疗队，浩浩荡荡地在海底奔波巡诊，遇到需要清洁治疗的鱼虾，就主动上前为其细心治疗，来者不拒，医术同样熟练不凡。

清洁虾的行为实在有趣，人们不禁会问，它们为什么志愿行医呢？说来也简单，这是生物界的一种共生现象，称之为"清洁共生"。鱼需要除去身上的寄生虫、霉菌和积垢，清洁虾则由此得到食物赖以生存，两者互利互惠，相辅相成。

除了清洁虾，海里还有一些清洁鱼类，种类已知有50多种，数量很大。它们和清洁虾一样，为海洋生物的健康作出了贡献。如果把欢跃兴旺的鱼群附近的清洁鱼虾取走，鱼儿很快就会游走，所以许多出名的好渔场，正是众多清洁虾设立大量"医疗站"的海区。研究海洋清洁生物，将使人类在保护海洋生物资源方面有新的作为。

梭子蟹

梭子蟹在动物分类学上属于节肢动物门甲壳纲，其头胸甲前缘左右两侧各有9枚锯齿，最后一齿又大又长，横向侧方突出，使头胸甲中部宽大，两侧尖细，形似织布用的梭子，故而得名。

在地球上生存的275种蟹类中，梭子蟹属海味珍品之最，经济价值最大，常见的有红星梭子蟹、运海梭子蟹和梭子蟹。这类蟹子胸甲表面具有横行的颗粒棱绒；甲面分区明显，额缘具有4枚小齿；复眼1对，具柄；步足5对，第1对大而坚硬，称螯足；第5对步足平扁如桨，称"游泳足"，有较强的游泳能力，被列为底栖游泳动物。

梭子蟹生长在近岸浅海，栖息水深10米~50米的海区，以10米~30米水深的泥沙底质海区最为密集。梭子蟹在白天光强时，潜伏在海底，夜间则游到水层觅食。奇怪的是在食物匮缺的情况下，母梭子蟹竟能用螯足从自己腹部取卵充饥。人们利用其特性，多在夜间把事先放有饵料的流刺网撒在海

梭子蟹

中，捕捉引诱来的蟹群，也可用拖网和诱饵钓，有时还可用手捉到个体较大的活蟹。

梭子蟹冬季栖息在较深的海底冬眠，第一年11月至翌年2月，雌蟹最胖，性腺发达，橘红色的卵巢已扩展到胸部两侧。春夏之交是梭子蟹的繁殖季节，雌蟹产卵量与个体大小成正比，一般有2万~10万粒，附着在雌蟹腹脐，孵化后变成幼蟹。从幼蟹到成蟹要经过多次蜕壳，每蜕过一次壳，甲壳增大，体重增加一次，而且只在身体长到特别丰满时才会脱壳。

有趣的是梭子蟹是一个脱壳专家，春季孵化出的幼蟹生长速度很快，当脱壳8次~10次，体重150克左右时达到性成熟便进行交配活动。它们每次脱壳需15分钟~30分钟，这时敌害生物往往会乘虚而入，侵食个体，体弱多病的个体也会在脱壳中自我淘汰，每脱一次壳都是生死搏斗。幼蟹每脱一次壳，甲长和甲宽可增加30%，到中秋节前后，蟹便可长成较大的肥蟹，俗谓"秋风起，蟹儿肥"，也就是捕获它们的最好季节了。

砗 磲

很久以前，民间流传着巨蛤伸开两扇大贝壳把人夹住吃掉的神话。巨蛤吃人并非事实，而巨蛤倒是存在的。这种巨蛤学名"砗磲"，是海洋中最大的双壳贝类，属于瓣鳃纲，分有大砗磲、鳞砗磲、无鳞砗磲等几种。据报道，在我国西沙群岛曾发现最大的砗磲贝壳长达 1.25 米，贝肉重达 75 千克，总重量为 220 千克。砗磲不仅是贝类之王，而且还是海洋生物中的"老寿星"，据有关资料记载，它的寿命可长达 80 年~100 年之久。

砗磲的外壳坚硬如石，有一对厚厚实实的石灰质组成的壳，壳的表面具有隆起的放射肋，壳缘有大的缺刻，弯曲如荷叶边，像一道道深深的凹槽，如车渠，故名"砗磲"。它的壳外面通常为白色或浅黄色，里面为白色，外套膜像有玉蓝色、褐色或粉红色等，五颜六色，十分漂亮。在壳顶部的前方有一个孔，这是足丝的出处。在砗磲发育期间，胶质的足丝从孔中伸出来，牢固地粘着在岩礁上，因而成体不能随便移动位置。有的各类不以足丝固定，而是在珊瑚礁上穿洞营穴居生活。

同其他双壳类动物一样，砗磲靠滤食海水中的微小浮游生物为生。有趣的是它还与一种单细胞藻类——虫黄藻——相依为命。虫黄藻分布于砗磲外套膜表面，当砗磲贝壳张大时，外套膜暴露在阳光下，经光合作用，虫黄藻生产出含有糖类的有机物质，为砗磲所食用，虫黄藻则利用砗磲的代谢物迅速繁殖起来。

砗磲的内部结构更为有趣，在其外套膜的内缘，有许多晶莹的颗粒，通常被称为眼，这些眼在外套膜下能熠熠发光，其目的不是看什么东西，而是在给一种单胞藻——虫黄藻提供光线，使它们通过光合作用很快生长起来，再取虫黄藻作为自己的食物。砗磲这种用眼来"做饭"的本领，也是世界上绝无仅有的奇迹。

海　象

一次，人们发现，一只巨大的海象从水里爬上岸，抖擞着湿漉漉的躯体，然后懒洋洋地躺下身来晒太阳。它很警觉，不时眯缝着眼睛环顾四周，以免发生不测。偏偏十分凑巧，远处蹦出一只白熊，它一路摇摆着，慢慢走着。当它一发现海象，就急忙奔跑过来，在距海象30米的地方停住了脚步。它选择一个较高的地势，准备向海象作试探性的进攻。它先搬起一块大石头向海象砸去，又刨起冰屑向它撒去。此时海象虽然感到阵阵疼痛，却总是尽量克制自己，保持镇静。它慢慢立起上半身，若无其事地缓缓向海边挪动，然后突然起跳，纵身跃进水里，白熊一见，满心欢喜，以为自己初战告捷，便决心乘胜追击，也尾随着跳到水里。白熊首先发难，朝海象猛扑过来，谁知海象早有准备，它刚才的逃脱不过是缓兵之计。它见白熊首先发难，朝自己猛扑过来，立即抢起"丈八长矛"———一只大牙，对准来犯者狠狠捅去；白熊对此措手不及，顿时被捅翻了个筋斗。这下可把这不可一世的北极霸主惹恼了，它腾起前肢再次扑向海象。海象也不甘示弱，瞅准机会又用"丈八长矛"给了它一下。经过几个回合的厮打，白熊渐渐感到力不从心了，而海象却越战越勇，斗志更加旺盛。它时而把白熊按进水里，时而又松开它，这一擒一纵，使白熊前后受击，只有挨打的份儿，没有还手之力。只见它身上被撕下的绺绺白毛顺水四处漂荡着，伤口流出的血染红了海水，它终于力不可支，奄奄待毙了。于是，海象满怀胜利的喜悦，高高兴兴地离开战场，去寻找远方的伙伴。

海象是海洋中的哺乳动物，是北极特产，主要生活在北极及北极圈以内，体呈纺锤形，四肢成鳍状，故归鳍脚类；适于水中游泳，后肢又可弯到前方，可以在陆地上步行。平时喜栖于浮冰上，懒洋洋地在岸边或冰上睡觉，但胆子很小，一有风吹草动就飞快入海。它在海里靠强大的獠牙掘起海底的泥沙，以寻求各种贝类等软体动物为食。

海象的外貌异常丑陋，那长长的獠牙、充血闪光的眼睛、上唇的厚肉垫上长满粗硬密麻约有 10 厘米长的胡须，多达 400 根左右；特别是那对 0.3 米~0.9 米长的粗长獠牙，看上去很可怕。它在浮冰上走路或者从水中爬上冰上，也是靠这獠牙的帮助。它把庞大的身躯的一半移到冰块，再把牙齿插到冰块里，然后紧缩颈部的胸肉，将身体向前缓缓移动，最后在冰块上站定。海象上岸后就利用两只前鳍脚行走了，这是为了防止它的獠牙受到过的磨损和伤害。

每年 4 月~5 月，海象在水中进行交配或养育。交配一般 1 年~3 年一次，经过长达一年的妊娠期，分娩总是极快而顺当的。小海象出生后由母海象带着下水，半个月后就会适应水中生活。海象周身有毛皮，小海象的毛皮呈黑绿色，成年的雌海象呈褐色，雄海象为红褐色或粉红色。随着年岁的增长，皮毛的色泽渐渐变浅，失去原有的光泽，显得异常粗糙，仿佛枯干的树皮。

海象一般生活在产有软体动物的浅海滩，喜欢几十几百只群居在一起。为了捕食，它们能潜入 70 米~100 米左右的深水区，但滞留时间不超过半小时，就得浮出水面，爬上冰块休息。有的壮年海象能够长时间在海中游动，将头部和胸部露出水面仰泳，有时还能在水面站立行走。每年秋季，浅滩开始结有厚厚的冰层，海象就得迁往远处的广阔水域生活。目前全世界约有海象 15 万头左右。一般海象的平均体长为 3 米~5 米，体重 700 千克~800 千克；但世界海洋史的资料曾记载，最大的海象长达 20 米，体重 1500 千克，实属罕见。

海　獭

　　海獭是海兽中最小的一种，雄海獭身体只有 1.47 米左右，约重 45 千克，与狗相仿；雌海獭长约 1.39 米左右，重 33 千克。它那小小的脑袋，不大的耳朵。吻端裸出，上唇长着胡须，肥而圆的躯体，形态像鼬，因而专家们把它归入食肉目鼬科。它的前肢裸出并弯曲，尾巴扁平，很长，约占体长的 1/4；后肢又扁又阔，从外表上看好像鱼的鳍，可内部却没有鳍的结构，而是由趾骨构成。海獭也有 5 个趾，第一趾最长，骨头外边包裹着皮膜，形成了无与伦比的划水桨片。当它们在水中游动时，流线型的身躯像鱼一样起伏运动，身体十分柔软，同时再用两个后肢交换着划水，拖在后边那扁平的尾巴随时起着桨和舵的作用，因此转身穿浪都十分灵活。海獭不仅是潜水和游泳的行家，而且是优秀的跳水运动员。它们常常爬到岸边岩石上，纵身跳入大海，其空中动作非常优美；然后以螺旋形的轨迹悄然入水，简直没有什么水花飞起。若是哪个国家的跳水运动员达到这个水平，那肯定可以得到满分。

　　海獭的摄食方式非常巧妙，以海胆、鲍鱼、贻贝、牡蛎等动物为食，有时也吃海藻的芽和行动缓慢的底栖鱼类。牡蛎、海胆等的壳很坚硬，海獭用牙齿是咬不动的，所以它将潜水觅食时找到的食物挟于前肢下带回，在前肢下松弛的皮囊里一次可装下 25 只海胆，同时拣回一块拳头大小的石头。当它浮出水面时，仰游水面，将胸部当饭桌，用短胖的前肢夹住海胆等食物往石头上猛击，待壳破肉出时再吞而食之，吃饱后它把剩余食物和石块放置胸前休息，虽经涛卷浪打而不失落。它可以一连几次潜水，出水后都用同一块石头砸食物，因而被称为巧用工具的动物。它不仅能使用工具，而且还会保存工具反复使用。海獭每天所吃的食物量占它的体重的 1/4 ~ 1/3，这说明海獭的新陈代谢功能是很强的。

海獭全身披有侧刚毛和绒毛，绒毛致密而柔软，刚毛起着保护绒毛的作用。我们知道，生长在海水里的哺乳动物必须有一种防寒、保暖的机制，因为海水的温度总是低于海兽的体温，而海水的传热比空气的传热要快 4 倍。有些海兽靠着厚的皮下脂肪保暖，散热很少，如鲸鱼，身上几乎没有毛。海獭的皮下脂肪仅占它体重的 1.8%，与鲸鱼和海豹的脂肪层相比，微不足道，起不到绝缘、保温的作用，因而它"必须"有一层天衣无缝的厚厚的皮毛；同时全身皮毛上不时涂有一层脂肪，以达到滴水不沾的程度。

海獭十分喜爱梳妆打扮，它在饱食之后要花上很多时间用爪子梳理皮毛。梳理时从头至尾，十分仔细，其实这种打扮并非为了漂亮，而是因为毛皮蓬乱污脏之后，如不疏理清洁，就会失去绝缘、保温作用。此外，梳理毛皮时的机械运动还可以刺激皮肤下的皮腺加强脂肪的分泌，使毛皮上保持涂有丰富的脂肪层，以达到既防水又保暖的作用。

海獭是一种高智商动物，善于利用周围的环境条件。海洋潮起潮落，并受海流和海浪的影响，是永远也不会宁静的；而海獭却总是选择有海藻的海区睡觉过夜，它们用海藻缠绕住自己的身体，这样就不会在睡着时被海浪和潮流冲走。

触摸会中毒的海兔

海产贝类是人们重要的美味食品，但因吃贝类而引起中毒的事件各国都有报道。这是因为有些贝类是有毒的，有些则是因为贝类吃了含有毒素的食物而使自己也成为有毒动物的。有的贝类即使人接触到它也会引起中毒。

据报道，南太平洋一个岛国上，一位孕妇在海滩上捡了一个海兔，好奇地捧在手里观赏，突然她感到恶心，然后肚子痛，回家后不久就流产了。后来知道罪魁祸首就是海兔。海兔是一种软体动物，属于贝类，但贝壳退化，柔软的峰体外露，且有着美丽的色彩和花纹。体长从几厘米到100厘米，大者重可达2公斤。头部有两对触角，后一对短，有嗅觉作用，前一对较长，状若兔耳，有触觉作用。海兔以海藻为食。其实它本身并不产生毒素，但吃

海兔

进红藻后把其中含的有毒的氯化物贮存在消化腺中，或送到皮肤分泌的乳状黏液中，散发着令人恶心的气味，人接触到就会产生中毒反应。还有一些毒液贮存在其外套膜中，可进一步对它的敌手产生毒害。

据科学家研究，这种毒液还能杀死癌细胞，经对患肺癌的老鼠注射海兔毒液实验，其寿命比不注射者延长 5.6 倍，对患白血病的老鼠也能延长 5.5 倍。将来可望由此制成抗癌药。海兔也是名贵的海味珍品，还可作药用，有消炎退热之效。由于海兔离水即烂，渔民常把它腌制成海兔酱。

人吃后引起中毒的贝类还有不少，如大石房蛤、贻贝、牡蛎等。有的引起肠胃中毒，症状是恶心、呕吐、下泻等；有的使皮肤起红斑疹、肿胀、发痒等；还有的引起麻痹，严重者引起失明，约有 80% 患者最终死亡。有毒的螺类也很多，如东风螺、芋螺。世界上已知有 11 种芋螺有毒，其中有两种能置人于死地。地纹芋螺就是其中之一。人被芋螺叮伤，先感到剧痛，随后伤口发白、麻木，导致全身不适。据报道，世界上有 54 起芋螺伤人事件，其中 25 人死亡。本世纪以来，日本报道过很多起地纹芋螺伤人事件，其中 7 人伤后几小时死亡。

断足之后能再生的螃蟹

每种动物都有自己一套逃避敌害的策略。其貌不扬的螃蟹，当它们大难临头陷于困境时，便很快地将螯足或步足自行断掉（即自切），借以脱身，过了一段时间之后，还能再生出新足来。那么螃蟹是如何长出新足的呢？

螃蟹的足在断掉后，约6天之内残留面上就长出一个软的结节。它被包在透明的几丁质囊中，人们叫它"肢芽"。在以后二三个星期的时间里，肢芽迅速生长并开始分节。它的上皮组织、横纹肌纤维、运动及感觉神经元等也出现了。这以后便进入一个缓慢的生长阶段，一直持续数月之久。最后，在临近蜕皮之时，肢芽又开始迅速生长，分节明显，各节之间的关节生长完成，表面出现了感觉毛和刺，感觉神经嵌入感觉毛，组织生长到此即告完成。蜕皮之后，肢芽脱去几丁质囊，新的足就形成了。

上述情况给人们一个启示：如果从自切面上截断螃蟹的足，它是否还按这个方法再生呢？有人做过实验，将螃蟹足与身体之间的关节切断，观察其再生情况。结果发现，经过这样手术的螃蟹，总是先再生完整的底节，然后再长出肢芽来。这表明，底节的存在是足再生的重要条件。后来人们又发现：在蟹足自切面附近，贮存着极丰富的蛋白质，它们是为足的再生做准备的。

从螃蟹的断足再生现象可以看出，螃蟹再生的结构与功能自成一系，它配合着自切一同组成一个完整的统一体，增强了动物适应环境的能力，使种群能够在漫长而残酷的自然选择下，得到生存和延续。

海洋中会发声的动物

　　有些哺乳动物，例如大部分齿鲸类，都具有回声定位的功能。海豚能发出持续时间为几十微秒、频率达 100 千赫以上的短促叫声，这种声音的发生和鼻道中的特殊气室有关。海豚头上的额隆，起着声透镜的作用，把接收的声波变成狭窄的声束，海豚根据水中物体对自己叫声的反射声，判断物体的方位和距离。海豚重复发出的叫声，频率随目标距离的缩小而增高，故可以借助这种声探测而不用视觉或其他感觉，自由地穿过障碍物或捕捉食物等。它的回声定位系统，不但对距离和方向有很好的分辨能力，而且有相当强的识别目标的能力，能判断水中物体的形状和材料。因此，研究海豚的回声定位系统，对发展声呐有重要的意义。多种齿鲸能发出声调变化的声音和叫啸声，其频率变化的范围为 1000 赫～10000 赫。这种叫声随种类和情绪而异，起着通讯的作用。中国长江中特产的稀有动物白鳍豚，也有声通讯和回声定位的能力。大的须鲸发出的声音，通常在 400 赫以下，甚至于低达 20 赫，可以起通讯作用。海豹和海狮类动物在水中也能发出吠声和短促的声脉冲，并有某些声通讯和回声定位的功能。

龙虾列队

西大西洋龙虾迁移时，龙虾不是排成"一"字队列就是以迅速排成螺旋形队形，共同御敌外，列队行走最大的优点，就是可以减少水的阻力，使迁移更容易。科学家计算出：一只走在领头龙虾尾流中的龙虾，仅受到单独行走时一半的阻力，阻力减少了，力气也就节约下来了，它们当然会走得更快啦！平时，单个龙虾一昼夜只能游100米~300米，如果排成"一"字队列，每小时可以走1千米！这和大雁排成"人"字形队列有些相似，只不过大雁利用的是气流，而龙虾利用的是水流。通过龙虾列队行动，科学家不但可以制订出合理的捕捞时间、地点，而且，设计了船队前进时的最佳间距。这样一来，既可节约燃料，又可提高船速。

龙虾

水 母

小鱼碰到了水母的触手,被触手上的"秘密武器"——刺细胞中的刺丝囊射中了。刺细胞为水母等腔肠动物所特有,遍布全身,尤其触手特别多。这些带着暗器的触手四下散开,捕获那些对它好奇的鱼虾。刺丝囊内有一条可以盘成弹簧样的刺丝,外面有个针状扳机。鱼儿碰到这个扳机,刺丝就会"嗖"地一下射出,刺丝中的毒液就会射入鱼儿体内,将它麻醉,成为水母的一顿美餐。

水母刺丝囊中的毒液非常厉害,15厘米长的鱼被它蜇后,很快就会死亡。潜水员都十分小心地避开它,以免被蜇伤。水母家庭中有一种流浪者,这就是僧帽水母,它与其他水母不同,是由许多形态和功能各异的成员集合起来形成的群体。这个群体的顶端是一个长达20厘米~30厘米的大型浮囊,形状很像和尚的帽子,因而人们称做"僧帽水母"。浮囊中充满各种气体,鼓鼓的,浮在水面上,如果放掉一部分气体,它就潜入水中,跟潜艇还有些相似呢!僧帽水母的浮囊上还长着一个蓝色的冠,能自动调整方向。当轻柔的海风拂过海面时,那些僧帽便如一只只小帆船在海面航行。有些地方的人就叫它"葡萄牙战舰"。

海洋深处有动物

太阳光是地球上绝大部分生物生存的必需条件。不仅陆地上的生物是这样，海洋的生物也是这样。

海洋里的各种生物都会形成一种不可断缺的食物链：大鱼吃小鱼——小鱼吃浮游动物——浮游动物吃浮游植物——浮游植物则利用太阳将水、二氧化碳和矿物质化合成碳水化合物、蛋白质和脂肪。浮游植物是海洋里的基本食物。海中动植物的残骸则沉入海底，一些将成为海底动物的食物外，还有一些都腐化分解为各种不同的化学物质，再升到水面供给浮游植物的需要。这样，生命便循环不息。然而，阳光是推动这个大循环的必须因素。

浮游植物是海洋生命循环中最基本的分子。这些浮游植物利用阳光的能量和海中的化学物质制造糖和淀粉，这种生产的过程叫做"光合作用"。

海里虽然有无数大鱼、小鱼和其他生物，但它们从来不会为粮食发愁，因为海里有无数可供小鱼吃的浮游动物，而且，供浮游动物吃的浮游植物，其繁殖率大得惊人，30天内就有1亿后代被繁殖出来。不过，却一定要有阳光来进行光合作用，才能使浮游动物获得粮食。所以，一般来说，海洋里的生命是要依赖阳光的。

浮游动物随昼夜日光的变化在海中沉浮，这种在海中上下移动的幅度，大约为150米，因此海洋生物多数生长在这样深度的海中。

然而在1977年2月间，当科学家和技术人员在太平洋东边，厄瓜多尔以西，赤道附近的加拉巴哥地壳裂缝一带，第一次调查和研究深海的温水出口处时，却无意中在2500米深的海底发现了5个"沃洲"——每一处各有很多不同种类的生物，如蛤、蟹、管形虫等。

25 位科学家，对这项新发现都深感惊奇。在那样深的海里，既然没有食物，就不会有生物存在，但那些动物从何而来，它们何以生存呢？

他们打开由小型研究潜艇"阿尔文号"带上来的深海水样时，那充满臭蛋气味的硫化氢终于使他们的理论获得了有力的支持。

他们认为，海水经地壳裂缝，在高度的压力和热度下，水里所含的硫酸盐便变成硫化氢。而这种含有臭味的化合物，就隐藏着深海里有生物存在的奥秘。某种细菌借硫化氢而产生代谢变化，得以繁殖；而较大的生物，甚至蛤则从细菌获得所需的营养。这么一来，在漆黑的深海底下，一种阳光以外的能量——来自地球内部的能量，维持了一系列的生命。这种程序叫"化学合成"。在深海里发现这种作用，这还是第一次。

2400 米深的海底，水的压力大约达到每平方厘米 0.3 吨。在那里，水温本应接近冰点，但温水出口处附近的水温则约为 12℃～17℃。在加拉巴哥裂缝约几英里的范围内，在生物生存的区域，由西边起，第一区有很多比餐碟还大的蛤（35 厘米左右）。第二区有很多已死的牡蛎，可能因那一区内的温水已停止流出，没有支持生命的硫化氢，于是海底便有一堆像古代野火会后遗下的残物。第三区有些外表像蒲公英的生物，可能是一种最新发现的原生动物，它们有放射状的细丝附在岩石上。第四区虽然定名为"蚝场"，实际上却布满了我们俗称"淡菜"的贻贝。第五区定名伊甸乐园，巨型管形虫是那里最主要存在的生物。而每一个这种海底的"沃州"都有蟹的踪迹。大体而言，差不多每一区都有不同的生物聚集，有些生物学家认为，当海底温水开始涌出时，刚巧有动物幼体漂流到那附近，它们便留下来，就好像其他生物一旦发现了适合的环境，便定居下来一样。

"沃洲"以外的深海，真像沙漠一般荒芜，只是偶尔有几只红色的八角珊瑚、脆弱的海星或海葵点缀在海底玄武岩石上。

全世界海洋中共有长达 6.4 万千米的地壳裂缝，到底有多少海底温水出口处呢？其中又有多少有生物存在呢？它们会使我们对深海里的生命有新的认识吗？这些都是一些未知的谜，只有靠科学家以后的研究来揭开这个谜底。

海 马

在浩瀚的大海里，生活着一种形状十分奇怪的小鱼，其头部酷似马头，因而人们称其为"海马"。它是一种奇特而珍贵的近陆浅海小型鱼类，隶属海龙目海龙科海马属。头侧偏，每侧有 2 个鼻孔，头与躯干成直角形，腹部凸出，由 10 个 ~ 12 个骨环组成，就像穿了一副坚硬的甲胄；身体无法弯曲，全身完全由膜质骨片包裹；有一无刺的背鳍，无腹鳍和尾鳍，尾部细长，常呈蜷曲状；尾部的末端可以自由活动，休息时，利用它缠绕在海藻或其他植物上。

雄海马腹面有一个育儿囊，每当繁殖季节来临的时候，我们会看到一幕奇特的景象：刚刚孵化出来的小海马，随着大海马的身躯不停地做伸直与弯曲的摇摆动作，然后，大海马便把这些小海马一个个从腹部排放出来。其实，生出小海马的并不是海马妈妈，而是海马爸爸。原来，当生殖期来临的时候，雌海马就把成熟的卵子悄悄地产到了雄海马的育儿囊内；雄海马在给卵受精后，便把育儿囊的口封闭，从此就担任起孵卵哺乳的重任，带着这个"包袱"辛苦度日。由于育儿囊内的血管能提供充足的氧气和营养，胚胎在这里度过 20 天左右，便孕育出小海马了。小海马在刚开始学游泳时，若遇到危险信号，还会再进入囊中，而海马妈妈一旦离开，就再也不回来了。

海马全世界都有分布，以热带、亚热带数量较多。海马通常生活在沿海海藻丛生或暗礁多布的海区，或附着于漂浮物上随波逐流，可用背鳍摆动做直立游泳，以小型甲壳类为食。海南岛四周沿海和西南群岛近海都十分适宜海马的繁衍生长，共有 10 余个品种。海马是名贵的中药材，可与人参相提并论，故历来就有"北人参，南海马"之誉。

七鳃鳗

七鳃鳗的头上有三只眼睛，两侧各一只，另一只在头顶。两侧各有 7 条鳃裂，背部有两片鳍，尾部有一片。七鳃鳗生活在温带，分为海七鳃鳗、江河湖七鳃鳗和溪七鳃鳗。河里的七鳃鳗从每年的夏初开始成群地聚集在波罗的海，进入河口逆流向上游游去。到了秋季，它们的游动加快，9 月份，圣彼得堡大学生物系的学生按照老的传统，把此事通知大家，于是在走廊里挂起一条这样的通知："请不要在涅瓦河戏水，七鳃鳗正在这儿生儿育女！"的确，产卵的鱼正成群结队地游入涅瓦河。

七鳃鳗

　　七鳃鳗游到河里后便停止进食，吸附在水流湍急处的石头上，等待着自己的那一时刻的到来。它们的牙齿变钝，唾液腺不再分泌唾液，肠道机能丧失。七鳃鳗日渐消瘦，身体变短，而此时它们体内的卵正在发育成熟。

　　产卵可是件重大的事。不能把卵随便产在什么地方，必须要有个窝。于是雄鱼开始着手筑窝。它在遍布卵石的河床上选好地点后，用自己的身体使劲地清理场地，挖出一个直径 50 厘米的圆坑，然后，它吸住坑底的小石子，"跳"着把石子搬到小窝外边去。如果这时又游来一条雄鱼，那么小窝的主人便去吸住它，用力摆动自己的尾巴将它推出界外。当小窝接近筑成时，雌鱼来了。它吸在石头上开始产卵，而雄鱼则吸住雌鱼，用自己的身体盘绕在雌鱼身上，帮着雌鱼挤出一粒又一粒的鱼卵，同时不忘给卵洒上些精液。产完卵后，七鳃鳗钻到一个黑暗的地方，而后死去。

　　七鳃鳗的卵粘附在河床上，10 至 14 天后，身长只有 3 毫米、软弱无力的小鱼破卵而出，而后立刻藏在石缝里。3 至 4 天后，小鱼身长增加了一倍多。现在它们能钻入淤泥里躲起来。又过了两至三个星期后，小鲤鱼便踏上旅途，游到水流缓慢、多泥沙的地方。小鳗鱼，或称"幼鳗"，找到合适的地方藏入河床里。

　　幼鳗以淤泥和微生物为食，也吃单细胞的硅藻类。静止时它们用皮肤呼吸，在游动时才用鳃呼吸。七鳃鳗的童年是躲在淤泥中度过的。它们生长缓慢，3 至 4 年体长才能达到 15 至 18 厘米。而到那时，幼鳗便没有了胃口，不再进食，4 至 6 个月内变成了成年的七鳃鳗，眼睛睁开了，鳍和牙齿也长了出来。

　　现在是年轻的七鳃鳗出海的时候了。在大海里，它们成了掠食者，开始攻击其他的鱼。七鳃鳗先吸住受害者的背部或一侧，咬穿对方身上的鳞片，从唾液中分泌出一种能够阻止血液凝固的物质，这样一来，掠食看就可以一边死死地咬住受害者的肉体，一边毫不费力地吸血，而且越咬越深。以肉为食的七鳃鳗长得很快，一两年后便踏上不归之路——前往故乡的河流产卵。

鲱 鱼

鲱形目鱼的主要家族是鲱鱼，有 190 种。被捕捞的鲱鱼接近全世界捕鱼总量的 20%。虽然许多种鲱鱼都是去河里产卵或者在淡水湖中定居但是鲱鱼家族中的大多数都生活在海水里。例如，黑海—里海的帕利阿斯托姆鲱鱼就生活在格鲁吉亚波季市附近的帕利阿斯托姆湖中。

鲱形目鱼有三个家族：宝刀鱼科、鲱科和鳀科。众所周知，鲱鱼是小型鱼，体长仅有 35 厘米 ~45 厘米。只有很少的鲱鱼超过这个尺寸。有些宝刀鱼科的代表身长几乎达到 4 米。您想象一下您的餐桌上放不下的小鲱鱼该是什么样子！不过，不必担心。我们中的任何人都不可能有机会同这么大的鲱鱼打交道。宝刀鱼是热带盘鱼，虽然在海边有时也可见到它的身影，但是我国没有人会捕捞它。

许多鲱鱼没有牙齿或者牙齿个小无力。它的鱼鳔与胃相通，因此可以在胃中储存备用的气体。鱼鳔的两个突起物与左右南个耳软骨囊相连，取代了鱼的耳鼓。这些鱼喜欢过群居生活，以小的浮游生物为食。大多数的鲱鱼要长游 3 千公里，季节性回游到育肥、产卵或者过冬的地方，如里海的黑背西鲱就是这样做的。

鲱鱼中最负盛名的当属大西洋鲱，它在我国的商店比别的鱼常见。它们生活在北大西洋，很少越过浮冰形成的界际。但是产卵却要回游到挪威南部的海岸。这种鱼的鳞片容易脱落，体内脊椎骨多达 60 块，创下鲱鱼家族的最高纪录。

波罗的海鲱是大西洋鲱的变种。这种小型鱼就是生长 6 年 ~7 年也很难长到 20 厘米。它们以浮游生物为食，容易适应淡水生活。在捕捞到的波罗的海鲱鱼中的有时会碰"大个的"，体长达到 38 厘米。海鲱是波罗的海主要的鱼种。这里捕鱼量的一半都是鲱鱼。

波罗的海还有一种鲱形目鱼——波罗的海黍鲱，或称之为"棱鲱"。捕捞到的这种小生灵占波罗的海全部捕鱼量的 20%。黍鲱生活在黑海和地中海、北海和挪威海以及火地岛和新西兰的沿海。

鲱形目鱼中可捕捞的对象如此之多，就是最爱挑剔的美食家也难以分辨得清。仅在里海就有 5 种棱鲱。我国把它称做"里海棱鲱"。它们之中有普通的里海棱鲱、鲲形棱鲱和在深的水层生活的大眼棱鲱。在黑海中有黑海—亚速海棱鲱，而在与其相邻的阿搏拉乌湖中有淡水棱鲱。里海有四种黑背西鲱。四个变种的伏尔加河鲱鱼也是尽人皆知。

沙丁鱼也属于鲱形目家族。它们以大群居方式生活在更温和的水域中。与我们的生活关系最密切的沙丁鱼叫做"欧洲沙丁鱼"，其中包括生活在黑海和远东的沙鲻鱼，以及印度洋的小沙丁鱼。远东沙鲻鱼在日语里叫"玛依瓦西"。

鳕科鱼

鳕科看上去是典型的鱼类。它们的鳍上没有尖尖的鳍条，身上覆盖着小圆鳞片，大多数鱼的颌下长有一根须。鳕科鱼的大小差距很大，最小的银鳘鱼体长仅有 11 厘米 ~15 厘米，而最大的同种鱼身长却可达 180 厘米。不过，在商店的柜台上现在看不到这么大的鳕鱼了，因为渔民们不等它们长到这么大——通常鳕鱼还未成年就被捕捞了上来。

已知的鳕科鱼有 53 种。它们的世袭领地无疑是北半球的冷水海域，这里有 48 种。还有一种淡水江鳕也是北半球的动物，栖息在亚欧大陆和美洲北部区域的淡水体中。其余的 4 种在南半球的冷水海域找到了自己的栖身之处。所有的鳕科鱼大多喜欢冷水，只有少数鱼适应了凉水，其中包括波罗的海和黑海的 2 种鳕鱼，以及地中海的 16 种鳕鱼。最喜欢冷水的当属极鳕、宽突鳕和小鳕。它们经常出入北冰洋。北鳕和两种极鳕就定居在北冰洋。热带水域里见不到鳕科鱼的踪影。

虽然根据鳕科鱼摄食的特点来确定它们是底栖鱼有些勉强，但它们仍属底栖鱼。它们之中最小的北鳕、极鳕、蓝鳕均以小的浮游生物为食，也就是说它们吃小的和极小的动植物：极鳕和明太鱼（狭鳕）在青少年期捕食大的磷虾。成年的极鳕和北鳕野性毕露，猎捕大的野味，以鱼为主。余下的鳕科，其中包括黑线鳕、宽突鳕、长鳍鳕和江鳕以水底的生物为食。它们生活在海洋食料相当丰富的地区，能够大量地积存脂肪，但它们并不像其他许多鱼那样把脂肪储存在肌肉和体腔内。鳕科鱼把积存的所有脂肪都集中在肝脏，没有脂肪的鱼肉那才是真正的美食。

鳕科鱼繁殖力很弱。宽突鳕在产卵期可产卵数千粒，极鳕可产卵约一千万粒，而在野鳕的卵巢内发育的卵竟然可达 6 千万粒。鱼卵、幼鱼、小鱼从产卵地随波逐流，漂泊数百公里甚至数千公里，但是，刚刚出生不久的小鱼在水层中并不觉得舒适自在，总试图找个藏身之地。水母为它们提供了这种条件。黑线鳕、牙鳕和极鳕的幼鱼纷纷躲在水母的圆顶下并在其保护下游遍大洋的各个角落。

鳕科鱼成熟后对长途回游依旧是兴趣十足。许多鳕鱼一年中两次聚集成群，踏上长距离漫游的旅途。鳕科鱼的回游与前往越冬地、育肥地或者产卵地密切相关。它们的回游方向取决于洋流和水温。

许多鳕形目的亚科鱼是世界上最重要的捕捞鱼种。其中包括北鳕、宽突鳕、蓝鳕、牙鳕、黑线鳕、绿鳕、明太鱼（狭鳕）。最突出和最有价值的鳕鱼是大西洋鳕。这种鱼长到3岁时便产生旅行的激情。从这时起（它们的寿命一般为20年～25年），它们每年都要作一次秋季洄游，一昼夜游7公里～8公里，5至6个月的时间便可游过1500公里的路程。到达挪威海岸后，它们便在那里的罗弗敦群岛地区停下来产卵。产卵期要持续几周，因为它们每隔几天产一次卵，一般为2至4次。这期间渔民们争分夺秒地捕捞大西洋鳕，凡是到这里来产卵的鳕鱼多半成了渔民的战利品。极鳕、蓝鳕和明太鱼除了肉味鲜美以外，它们的肝脏也很有价值，是制造鱼肝油的原料，内含丰富的维生素A和维生素D。

刺鲽鱼

大洋里有许多漂亮的鱼。它们身上色彩斑斓的颜色完全可以与热带鸟类美丽的羽毛和蝴蝶翅膀上的花纹图案相媲美。就海鱼光彩夺目的盛装而言，镊口鱼理所当然是冠军。难怪它们之中有的得名蝴蝶，有的因其高贵华丽而被称为"主教"、"皇帝"，甚至"天使"。被称为"天使"的就是刺鲽鱼，根据它们的外观又可分为不同的等级，有"小天使"、"花条天使"、"半圆天使"，"灰色天使"属最低级别，比它级别高的有"蓝脸天使"、"碧绿天使"和"皇家天使"。

在扁鲨属（刺鲽鱼）中有一种鱼叫做"科尔特斯"的征服者，那是为纪念残酷征服美洲大陆的侵略者而命名的。毫无疑问，只有声名狼藉的刺鲽鱼，换言之，只有魔鬼才是科尔特斯的征服者。不过成年科尔特斯刺鲽鱼的相貌可没有一点魔鬼的样子，而它们的孩子——正在成长的小鱼则是别外一回事，它们暗黑色的身上有少见的黄色条纹。

刺鲽鱼个头不大，身长仅15厘米~38厘米。只有少数的品种达到60厘米。只有皇家天使（线纹盖刺鱼）才有这么大。许多国家的人干脆戏称它为"皇帝"，最起码君主的身材应该令人肃然起敬。

所谓的皇帝指的就是定居鱼，即线纹盖刺鱼。它们生活在珊瑚礁中。这种鱼在小的洞穴和岩洞中选中几个藏身之地，便在那里度过一生。宫殿周围相当大的一部分礁石是皇帝及其帝国的私有财产。它在这里单独称帝：一国不容二主。帝王清楚地记得自己帝国的疆界，随时将侵犯自己领水的帝王驱除出去。帝王之间没有相互友好访问的习惯，老死不相往来。不过，统治者对自己的臣民，即不计其数和各种各样的鱼——珊瑚礁中的居民倒颇有好感，宽宏大量地允许它们生活在帝国内。

皇帝的身体五颜六色，十分鲜艳，看样子，任何一条大的猛鱼从远处都能发现它。实际上，条纹和斑点、颜色的反差有助于消除鱼体的轮廓：在水下世界鲜艳色调的背景下不易发现它们。然而，当陌生的帝王靠近国境线时，主人便会游到开阔的地方以便让来者发现它。这样做足以警告对方不要入侵和避免一场血战。对保卫自己的领地高度重视并不是登基者妄自尊大，这是生存所必需的。皇帝们吃暗礁中的小软体生物，并且把能供养它们的领地据为己有。

鱼成年后举行"加冕典礼"时要穿皇帝的礼服。这套色彩鲜艳的盛装上有 25 条细细的橙黄色条纹，在淡紫色的底色上成斜角通向身体的轴心。它要头戴碧绿色小帽，黄色眼圈带蓝线条。青少年时期的"王子"身着黑衣，上面绘有白色和蓝色同心条纹和同心圆。这身衣服并不难看，而且朴素大方。

生活在印度洋和太平洋岛屿的居民们敬重皇帝们独特的美貌，因此十分热心地捕捞它们。这种鱼肉非常鲜美。由于鱼帝的美貌和肉味鲜美，所以任何一位水下猎捕者都把它视为理想的猎物。在那些欧美游人爆满的地方，皇帝们早被消灭一光。为了保护它们免遭被彻底消灭之厄运，早就该为它们和在珊瑚礁生活的鱼类开辟水下禁渔区了。

弹涂鱼

  弹涂鱼是一种不大的热带鱼。它们的头前额凸起，眼球像青蛙那样突出，能向前看，这一点是与大多数鱼不同的。宽大的胸鳍有强健有力的肌肉组织作后盾：皮下的"二头肌"凸显出来。弹涂鱼生活在从西非至东亚的旧大陆（欧亚非三大洲）热带沿海以及许多大洋的岛屿周围。

  弹涂鱼虽然是海鱼，但它们对大海兴趣寡然。可以说它们基本上是生活在岸上的。这种鱼在浅水的濒海湖和海湾的岸边、多淤泥和多水洼的河口选

弹涂鱼

择栖息地，并且特别喜欢红树。它们喜欢在水深没头的地方长时间地待在水下，喜欢小水洼和小水坑，因为在那些地方可以把肩和头露出水面。有的时候它们只把尾巴浸在水里。就这样，它们有时在太阳地地儿一待就是几个小时，不时地跳几下，捕捉飞来飞去的苍蝇，然后退回去把尾巴重又伸到水里。它们沿着海岸爬行或者像青蛙那样跳动。宽大的胸鳍可以帮助弹涂鱼摆脱陷入淤泥的危险。涨潮时，这种小鱼便用胸鳍抱住小树枝，用尾巴的撑力爬到树上，退潮后从树上跳下来，在原地捕捉小蟹吃。弹涂鱼可以利用肚子上的吸盘垂直地吸附在石头上或者树干上，而身上"脏兮兮"的保护色使其不易被发现。一旦它们发现有危险，便会急速逃跑，一头钻进小洞穴里。弹涂鱼呼吸空气时，是利用全身的皮肤和专门的鳃器官来过滤氧气的。雌性鱼把卵产在一个直径达 1.5 米的大漏斗状的窝里，这它们在水面线处亲自掘挖的。产完卵后，它们会留下来守护。弹涂鱼的肉可以食用，人们通常是在它们的窝里下夹子来捕捉它们。

刀 鱼

刀鱼是体形最大和游泳速度最快的鱼种之一。它们的刀形上颚尖尖的，稍稍有些粗，占体长的2/3。成鱼体长可达4.5米，体重约500公斤。刀鱼尾部有个大的半月形鳍，鱼体表面光滑，没有鳞片。刀鱼生活在热带和温带水域，但夏季有时可游到巴伦支海。刀鱼是独来独往，除生育期外，不喜欢与自己的同类在一起。刀鱼性情凶猛，知道在大洋中的什么地方会聚有各种各样的鱼群，于是它们便急速游向那里去饱餐一顿。在那里一下子可以看到几十条猛鱼，但每条猛鱼都是我行我素，与邻居毫不相关。刀鱼没有牙齿，头上的刀可不是什么装饰品，那是它用来捕食和对付大的猎物的武器，像乌贼啦，金枪鱼啦，鲨鱼啦，等等。

刀鱼在水温不低于24度的地方产卵。它们的卵很大，长1.5至1.8毫米。幼鱼生活在水面的表层，水深不超过3米。幼鱼刚刚长到1厘米便开始攻击其他的小鱼。幼鱼长到6毫米~8毫米时，头上的刀就开始变得锋利起来。幼鱼长得很快，一年之内就能长到50厘米~60厘米。与其父母的不同之处是它们有牙齿，身上长有许多带小刺的鳞片。刀鱼有攻击帆船、小艇，甚至大型船只的恶习。在游速达到每小时130公里的情况下，它的冲击力是相当可怕的。刀鱼可以穿透金属护板和厚的橡木板，但是它本身却不会因为撞击而受到伤害。刀的根部有一个液压减震器，蜂窝状的腔内充满了脂肪，足以减缓巨大的冲击力。的确，要想把卡在木船底上的刀成功地拔出来或者折断它实属罕见，于是这只刀鱼必死无疑了。刀鱼的肉鲜美可口，因此它成为渔民们很有价值的捕捞对象。

鮟 鱇

海皱濒或者叫"欧洲鮟鱇"是一种较大的鱼，体长达到 1.5 米，头部占了三分之二，体重达 20 公斤。鮟鱇鱼口大得出奇，满口长着锋利的牙齿。光滑的皮肤上长有像皮革纤丝编成的流苏，使鱼的样子奇丑无比，鮟鱇鱼的头顶上竖着一个类似钓鱼竿的东西—那是排在背鳍前面的第一根鳍条，鳍条顶端挂着一个颇能引起动物食欲的"食饵"——一个有厚皮的小球。它整天整天地卧在水底一动不动，在那里耐心地等待着别的鱼来垂涎它的食饵，那时它就会毫不迟延地张开大嘴，一口把猎物吞下去。

欧洲鮟鱇属于鳉鲸鱼科。它们生活在 50 至 200 米深的水下，被人们看做普通的沿海水域动物。只是在后来人们才得知，在大洋的深处也有它们的近亲，人称它们为"深水鮟鱇"。现在已知的大约有 120 种。这些令人感到惊讶的生物属于小型鱼或者非常小的鱼。雌性鱼体长从 5 厘米~40 厘米不等，最大的雌鱼甚至能长到 1 米长。与其相比，雄鱼简直就是侏儒，身长仅有 14 毫米~22 毫米。

只有雌鱼的头上长有"钓鱼竿"，这件渔具各个部分功能划分明确：有钓竿梢，有的线和挂在钓线末端闪闪发亮的食饵。每一种鮟鱇鱼的食饵都有其固定的形状和尺寸，并且能发出固定颜色的闪光。原来，食饵是一个充满了液体的小口袋，里面有会发光的细菌。为了发光，细菌需要氧气。当鮟鱇吃饱饭并开始消化食物的时候，光亮对它毫无用处，因为光亮会招来大的猛鱼。于是，鮟鱇就收缩钓线上的血管，暂时熄灭小灯。

鱼头顶上的钓竿指向前方，食饵在它的嘴边摇来晃去，引诱那些轻信的野味。巨大鱼头上带钓线的钓竿是其身长的 3 倍。这足以把食饵甩到远处，引诱猎物上钩，骗进随时准备张开的大嘴中。每一种食饵所吸引的野味都是固定的。下面的情况可以证实这一点：在皱鲸鱼的胃里可以找到那些鱼。它们很少被深水拖网捕获，极为罕见。

深水蓝鲸的一切都是那么不同寻常，特别是在生育方面。雌雄两性的外观相差甚远，以前被误认为它们是不同的种类。雄性发育成熟后便开始寻找雌鱼。"新郎"有一双大眼睛和能帮助它找到雌鱼的大的嗅觉器官。对于身材短小的"新郎"来说，要找到"新娘"绝非易事，谁也不知道它们为此要花费多少时间。所以，"新郎"一旦找到"新娘"后，立刻用牙齿咬住它的身体——这也就不足为怪了。

雄鱼的嘴唇和舌头不久便长在"妻子"的身体上，于是"妻子"只好开始养活"丈夫"。雌鱼通过已经长入雄鱼体内的血管供给它一切必需的养料。颚、肠子和眼睛对于雄鱼来说已不再需要，因此很快便丧失了机能。为了帮助给身体和精巢提供所需的氧气，在雄鱼的机体内只有心脏和鳃还在继续工作。在繁殖期内，雌鱼产卵，而雄鱼则认真地排放精液。

产卵是在很深的水下进行的。由于卵比水轻，所以它可以浮到水面上来。幼鱼在水面上破卵而出。它们加紧进食，迅速成长，缓慢下沉，最终回到所喜爱的深水故乡。

海 龟

海龟是热带动物。这些"活潜艇"有椭圆形甲壳，短短的脖子上长着一个大脑袋，鳍脚取代了脚。成年海龟的甲壳长 60 厘米～140 厘米，体重可过400 公斤。人们正是为了用这种海龟做出有名的海龟汤才去捕捉它的。要是人们只在海里捕捉海龟也就好了，以前人们主要是趁着海龟爬上岸在海滩上产卵时捕杀它们，有的时候甚至不等它们产下卵来就被捉走了。人们四处找寻海龟蛋并且收集起来，要知道海龟蛋的味道极其鲜美可口。

在沙滩上捉海龟可再简单不过了，因为海龟在岸上移动非常吃力，并且常常是夜间爬到岸上来。捕龟者找到海龟后，把它掀个底朝天，海龟自己是

海龟

绝对不可能再翻过身来恢复原态的。天亮之后，人们把海龟集中起来运走。可是人们只把最大的海龟运走了，而其余的则丢下不管，任其在热带阳光的暴晒烧烤下死去。

绿海龟因其可以一连几个月不吃不喝而尽人皆知。在帆船队盛行的时代，航海者长期在海上航行，没有地方可以随时补充粮食储备，又没有保存肉类食品的条件，于是他们便带上些绿海龟航行，把海龟背朝下往船上一扔，慢慢吃吧。

为了繁殖后代，海龟是离不开海滩的。它们挖一个不算太大的沙坑，把70个~200个圆形的卵产在沙坑里边，然后再用沙土埋好，踏实，转身爬回大海里，漂游到离海岸数千公里之外的地方。海龟就是这样一代一代地在产卵期爬上岸来，在选中的沙滩上产卵。然而，在海滩上急不可耐地等着它们的除了人以外，还有小型的掠食者。这些掠食者把大部分的海龟蛋一扫而光。一个半月后，侥幸活下来的小海龟破壳而出，成群结队地奔向大海。成群的掠食者要一饱口福，水中的猛鱼也在等候着它们。小海龟是在什么地方度过童年和青少年期的呢？科学家们目前也尚不清楚。它们中的幸存者在繁殖期又回到故乡的沙滩上，把自己的卵埋在沙坑里。

如今在海龟产卵的大部分海滩上，已经禁止捕捉海龟和捡拾海龟蛋。此外，在许多的海滩上有专人捡拾海龟蛋，从中孵化出小海龟，在养鱼池中放养一年后再放归大海。科学家们希望通过这种方法增加海龟在南方海域的数量。

独 角 鲸

独角鲸的身躯不大，最大的雄鲸也超不过6米，体重达一吨。雌鲸略小一些。圆圆的脑门，头两侧长着一对小眼睛，一点儿也不像海豚的头，没有一般的海豚那样的尖嘴。它的身体下部呈浅色，而上部，特别是头部的颜色暗一些。

虽然独角鲸是没有牙齿的动物，但它仍属于齿鲸亚目。在独角鲸的下颚上没有长过牙齿的迹象，而上颚倒是有两排退化的牙齿。雌鲸从未长过牙齿，而雄鲸也仅长出一个左边的牙。这颗牙齿从嘴唇下钻出来，一直朝前伸着，长达2米~3米，牙齿上面有逆时针的密实的螺纹线。为什么只长一颗门牙？为什么只长在"左边"？这都是独角鲸的不解之谜。

门牙是独角鲸非同寻常的装饰品。独角鲸聚集成群，一举一动、潜入水下、浮出水面，步调完全一致。成群的雄独角鲸就像手握长矛向敌人进攻的哥萨克骑兵连。

独角鲸是典型的北极地区的动物。当坚冰融化成水的时候，它们急速奔向北纬80°~85°的地带。随着冬季的来临，动物们又向南迁移到挪威、英国、荷兰一带的沿海，偶尔也看看太平洋和白海。它们最中意的地方是加拿大北极地区列岛和格陵兰岛的沿海，而夏季则是新地岛和法兰约瑟夫群岛地区。

独角鲸喜欢过小型群居生活，有时也有数百条鲸群居在一起，偶尔还有上千条的时候。它们以软体动物和缓行的底栖鱼类为食。看样子，用没有牙齿的嘴也很容易捕食以上那些动物。为了寻觅食物，它们有时下潜到差不多500米的水下并能在那儿逗留很长时间。

　　独角鲸不畏严寒。如果海水仅仅结了一层薄冰，那么雄鲸就用门牙将薄冰穿个大窟窿，于是成群的独角鲸接二连三地从冰窟窿露出头来换气。只要不太冷，独角鲸便在冰面上穿出许多个冰窟窿或者不让尚未结冰的水面结冰。在最冷的时候，成群的鲸只能守着一个狭小的冰窟窿度日，冰洞小得甚至不能有两条鲸同时换气。独角鲸在这里能度过几个月的时间。这对他们来说并非是灾难，只不过是平平常常的冬季定居生活。海豚科动物擅长在水下逗留相当长的时间，在这段时间里它们可以游出数公里远。由于捕食的地域广阔，所以它们吃得很好。独角鲸很有耐心地等待着冰块开始移动并出现许许多多的裂缝。

　　在北极地区越冬并不总是平安无事的。在冰块开始移动时，冰块中间的水可能会堵在一起，于是大群的鲸被挤在一个小小冰窟窿里。由于大批的独角鲸都想到水面换气，搅得海水浪涛滚滚。如果外面的气温还在下降，被发狂的鲸激起的浪花就会在冰窟窿周围结冰，结果换气孔越来越小，使得动物们的处境越来越困难。过去，住在格陵兰岛的爱斯基摩人就曾从一个冰窟窿里捕捉到100多条独角鲸。但是，无论鲸群的处境多么艰难，独角鲸在争夺换气通道的斗争中，个个举止得体，表现颇有分寸。它们在从同伴的躯体中间挤出来换气的过程中，竟能做到不会用长牙伤害别的鲸。

　　在厚冰中间未结冰的水面旁边，白熊毫不迟疑地跳到海豚科动物的背上，咬死它并把它拖到冰面上来。"北极流浪者"（白熊）乘人之危，利用独角鲸身处绝境的机会，大肆储备过冬的食物。躲藏在换气孔旁边的掠食者利用利爪猛击因缺氧而变得浑身无力的海豚科动物，把它们一个接一个地拖到冰面上，以此保证了自己今后能吃得饱饱的。有一次，人们在冰层里发现了一个白熊存放食物的地方，那里整整齐齐地摆放着21具独角鲸的尸体。

白　鲸

所有的鲸鱼都能发出声音，嗓门最大的是我国北方的海豚科动物——白鲸。它们的演出剧目真是丰富多样：吱吱声、喀嚓声、响亮的打击声、低沉的呻吟声、尖叫声、口哨声、像鸟叫一样的鸣叫啼啭。难怪挪威人把白鲸称做"海上的金丝雀"。白鲸主要是会大声地吼叫和刺耳地尖叫。如果成群的白鲸在一起大声吼叫，那种声音确实令人感到恐惧害怕。这些海豚科动物的声乐练习为后来广为流行的说法"鳇之吼"奠定了基础。于是，俄罗斯中部地区的居民把沿海居民流行的说法改成了"鲸之号"，虽然鳇类是不会哭叫的鱼，但在俄语中那种说法已约定俗成了。

白鲸是大型的海豚，雄鲸身长可达 6 米，重 2 吨。1929 年，在加拿大拉布拉多半岛的昂加瓦湾捕获到一条最大的白鲸，其身长超过了 8.5 米。雌鲸略小一些。新出生的鲸不是很大，才长 1.5 米。幼鲸吃母奶，长得特别快。母奶中含 27%～33%的脂肪。

白鲸没有尖嘴。头圆圆的，大脑门，头与躯体中间连接的部位有点儿不太像脖颈。白鲸的前鳍脚宽大，有八块趾骨，也就是说比其他哺乳动物要多。有时，第四个或第五个鳍脚又分成两个，结果，白鲸就成了"六只手"。

白鲸的名称与它们白色或者浅黄色的躯体有关。大群的白鲸在蔚蓝色海洋的衬托下非常壮观，那种美景令人终生难以忘怀。白色也是它们在冰天雪地里的保护色，用来逃避主要的敌人——虎鲸。杀手虎鲸发现不了藏着不动的白鲸。但是，只要白鲸失去自控，拔脚逃跑，那它们就在劫难逃了。

白鲸广泛分布于白令海和颚霍次克海，经常光临北大西洋，深入海湾和大江大河。白鲸群沿颚毕河逆流而上到达 1500 公里处，到汉特－曼西自治区一游，进入额尔齐斯河。它们还沿叶尼塞河向上游出 800 公里，到达石泉通古斯卡河。当黑龙江水比较平静时，白鲸沿江可以游到哈巴罗夫斯克，甚至能到达远离大海 2000 公里以外的额尔古纳河河口。

白鲸过家庭式的生活，或者由 2 至 4 只白鲸组成小的群体：母鲸带着 1 至 3 条幼鲸。雌鲸是一家之主。即使它们聚集成大的群体时，它们也仍保持着各自的小家族。雄鲸从晚秋到早春从鲸群中分离出来，另外独立成群。随着气温转暖，雄鲸与雌鲸的队伍合并，游进时，雄鲸在前，而雌鲸及其大小子女紧随其后。

有的时候，白鲸组成特大群体。1930 年 6 月，在颚霍次克海曾发现长达 20 多公里的鲸群。1943 处 10 月，有人在颚霍次克的阿卡杰米亚湾看到到处都是一群群的白鲸。据最保守的估算，不少于 10000 条。

白鲸可以在水下逗留 15 分钟，但潜水不深。快速游进时，它们在水下只能呆 20 秒~40 秒，很少有超过 1 分多钟的时候。尽管如此，它们并不惧怕在冰层下游进。它们借助回声定位器官可以预感冰缝或未结冰水面的位置，它们可在那些地方换换气。不过，换气也只是一瞬间的行动，只用 0.7 至 1.2 秒。

白鲸极好地适应了冰水中的生活。它们和独角鲸一样，没有背鳍。背鳍对它们来说没有什么保护作用。没有背鳍是白鲸颇具特点的标志，因此人们称白鲸家族为无鳍豚。它们能用后脑勺把刚刚冻住的巧。厘米厚的冰层顶破，薄一些的冰则用脊背撞开。当成群的白鲸游到大冰块的底下时，冰块开始向上鼓起并断裂成小碎块。白鲸不怕撞得身上青一块紫一块，也不怕碰破皮。坚硬而且厚实的皮肤保护着喷水孔、脑门和下颚的顶端。

白鲸以鱼类为食，包括鲱鱼、毛鳞鱼、秋刀鱼、宽突鳕鱼、黑线鳕、鳕鱼、胡瓜鱼。白鲸不讨厌甲壳类动物。它们喜欢在颚霍次克海吃大马哈鱼、细鳞大马哈鱼、虾虎鱼。幼鲸捕捉小虾和像毛鳞鱼一样的小鱼。

白鲸的天敌不多——只有虎鲸、白熊，可能的话，还有极地的鲨鱼和白鲸自己内脏中的寄生虫。如果白鲸能侥幸避险和平安无恙的话，它们就能活上 25 年。

第二章

海洋生物之谜

巨大的海怪

1861 年 11 月 30 日，一个巨大的海怪在加那利群岛水域出现，当时在该水域航行的法国炮舰"阿莱克顿号"的船员们目睹了这一事件。他们还尝试捕获它，但却失败了。在追逐了很长一段距离后，炮舰逐渐靠近了海怪，近到足以将捕鱼叉猛掷进怪物的肉里。然后用套索套住怪物的身体，但是套索一直滑到尾鳍才停住。正当船员们竭力把海怪拉进船舱的时候，海怪挣脱了套索，除了一小部分尾巴以外整个身体又滑落回水中。

"阿莱克顿号"舰在特内里费市停泊后，炮舰指挥官找到当地的法国领事并出示了海怪的尾部标本。他还写了一份官方报告，并在法国科学院 12 月 30 日召开的会议上宣读了该报告。但是反应并不理想，阿瑟·曼金代表科学院说任何研究科学的人都不会报告说有这样一个奇特的动物，因为其存在与自然法则相悖。

换句话说，船员们是在撒谎或者说是捏造了这一事件。在"阿莱克顿号"这一案例中，几年以后官方才承认目击者当时看见的确实是一个奇怪却是真实的动物。船员们看见的是一只巨型鱿鱼——一只其实并不很大的鱿鱼，从尾尖到触角头大约有 24 英尺长。已知的鱿鱼中有比它更大的，但是其巨大的体形让人怀疑。

有关于这种动物早期的描述来自 18 世纪，埃里克·旁托皮丹主教曾在他的一部主要的动物学书籍《挪威自然历史》中提到过"北海巨妖"。虽然旁托皮丹有些夸张（他说那个"巨妖""有 4.5 英里长，而且它的触角可以将最大的军舰拖入海底"），但是他对那只巨大的鱿鱼描述得还是相当准确。

早期的有关巨型鱿鱼的描述大都只被当做幻想或民间传说。所以当有关 1673 年在爱尔兰的丁格尔湾发生的搁浅和屠杀巨型鱿鱼的记载出版后，几乎没有引起任何注意。不过现在因为心里知道巨型鱿鱼的存在，所以再读那些离奇的细节描述就会明白很多的东西。那份报告描述说那个怪物"有两个脑袋，10只犄角……犄角上有大约800多个纽扣状物……每一个纽扣状物里都有一排牙齿，它有19英尺长，身体比一匹马还大……有两只很大的眼睛"。当然鱿鱼只有一个脑袋，不过那个"小脑袋"是指鱿鱼用以吸水从而推动身体前行的体管。所谓的"犄角"就是指鱿鱼的触角，"纽扣状物"是指触角上锯齿状的吸管。

19世纪的丹麦动物学家约翰·杰皮特斯·斯丁斯特拉普是第一位对北海巨妖进行全面研究的科学家。他发现了早在1639年（在冰岛海岸）就有看似巨型鱿鱼搁浅的记录。他还搜集了有关标本并就这一问题在1847年给斯堪的纳维亚自然科学家学会作了一次演讲。但是他的演说并没有引起多大反响。6年以后，斯丁斯特拉普从渔民那儿得到一个动物标本的咽和喙部，而其他部分渔民们已经按惯例把它切碎以作为诱饵（对他们来说北海巨妖不但是真实存在的而且还是很实用的）。1857年，斯丁斯特拉普公开发表了对这个动物的描述并且给它起了一个科学名字叫"阿基特地斯"。

斯丁斯特拉普的工作还是没有受到重视，"阿莱克顿号"船员的集体证词也没对他起一点帮助作用。动物学的教科书根本就没有提到斯丁斯特拉普命名的新动物——直到19世纪70年代，在加拿大纽芬兰和拉布拉多海岸连续发生一系列动物搁浅事件后，才引起一些思想开放的科学家，包括《美国自然科学家》的编辑帕卡德进行调查。

1873年10月，一名叫西奥菲利·皮科特的渔民和他的儿子在纽芬兰省圣约翰附近的大钟岛水域碰到一只巨型鱿鱼，并砍下它的一只触角。皮科特告诉加拿大地质学委员会的调查员亚历山大·默里说还有约10英尺长的触角残留在鱿鱼身上，他们所捕获到的触角长约25英尺。皮科特声称那只鱿鱼十分巨大，大约60英尺长，5英尺~10英尺宽。

从那之后，随着巨型鱿鱼的神秘面纱逐渐揭开，又出现了一些其他问题。例如，它们吃什么？怎么生活？如何繁殖后代？人们始终都没有捕捉到活的动物来进行科学研究。所有问题中最迫切的是搞清楚一只巨型鱿鱼最大能达到多大？

巨型鱿鱼的主要敌人是抹香鲸（一只雄性抹香鲸可达70英尺长）这一事实也许可以说明点什么。据说1875年的一个深夜，在马六甲海峡（连接着印度洋和中国南海）入口处曾发生过一场罕见的两巨型海洋动物鱿鱼和抹香鲸之间的争斗。富兰克·布伦在《抹香鲸的巡游》（1924）一书中从一个目击者的角度描述了这一场面：

"海面上爆发了一场恶斗……我将夜用望远镜伸出船舱的天窗……我看见非常巨大的抹香鲸正在和一只几乎和它一样大的墨鱼或者说是鱿鱼进行殊死的搏斗，那看似长得没边的墨鱼或鱿鱼用触角缠绕着抹香鲸的整个身体。尤其是鲸鱼的头好像变成了一个由盘绕扭动的触角编织成的网——我很自然地这么想，因为抹香鲸看上去好像已经将墨鱼或鱿鱼的尾部吞进自己的嘴巴并且有条不紊地在咀嚼，好像要把它撕裂、锯断。在黑色柱型的鲸鱼脑袋旁边显现出大鱿鱼的头部，那模样比在最发狂的梦里想象到的还要可怕……它们眼睛的直径至少有2英尺，看上去绝对怪异可怕如凶神恶煞一般。"

即使没有这样精彩的目击者证词，我们也可以从下面两个方面知道鱿鱼与鲸鱼之间的厮杀：鲸鱼的胃和呕吐物里发现有鱿鱼以及在鲸鱼身上发现有吸盘疤痕。这些都可以帮助我们猜测鱿鱼最大可以大到什么程度。

记录在案的最大的鱿鱼标本是1880年在新西兰海滨发现的，长约65英尺。两名进行调查的科学家说很大一部分的大型鱿鱼身长（大约30英尺~36英尺）是"由触角构成的"。但是科学家还注意到"死了的鲸鱼明显地富有弹性，并且很容易被拉长"，这使得他们的测量并不完全准确，不过这并不能抹杀鱿鱼是巨型的这一事实。还有一些目击者叙述说他们所见的鱿鱼标本大约有80英尺~90英尺长。

虽然直接目击巨型鱿鱼的案例很少而且记录也不完全，但是许多捕鲸人都说曾经看见过当抹香鲸行将死亡的时候呕吐出令人惊异的东西。布伦看见一只"巨大的墨鱼肢体——触角抑或是臂爪——厚度如同一个结实矮胖的男人的身体，上面有6个~7个吸盘，大小如同茶碟，其内侧边缘密布钩爪，像针一样尖锐，而且大小和形状都如同老虎爪一样"。

在没有确定北海巨妖真实存在之前，科学家们一直对抹香鲸身上发现的奇怪的圆形标记感到迷惑不解。最后他们得知那些标记是巨型鱿鱼在与想吃掉它们的鲸鱼作殊死搏斗失败后留下的吸盘疤痕。已发现的吸盘疤痕直径约18英寸。

一些研究诸如鱿鱼、墨鱼和章鱼的头足类动物学家认为从吸盘疤痕来判断鱿鱼的大小并不可信，用克莱德·罗柏和肯尼思·博斯的话来说就是："鲸鱼身上的疤痕会随着鲸鱼的成长而变大。"但是其他一些动物学家并不同意这一看法。隐秘动物学的奠基人伯纳德·赫威尔曼斯发现，"雌性鲸鱼的身上很少有这类疤痕"，"幼鲸会被保护远离这样凶残的动物，如果幼鲸受到这样的袭击很难存活"。换句话说，巨型鱿鱼最可能在完全成熟的雄性抹香鲸身上留下痕迹。

不管怎么说，在鲸鱼的胃里发现特大鱿鱼残留物的情况很多。

巨型鱿鱼大部分时间都生活在一般深或很深的海水中，发生搁浅事件时多半都是因为鱿鱼病死后浮出海面，而后被水冲上岸。然而现在人类实际对海洋深度的科学全面的调查才刚刚开始，据说迄今为止，人们只研究了海洋的千分之一深度的情况。科学家们希望能有更大突破，以发现巨型鱿鱼或更大、更神奇的海底生物。

太平洋怪兽尸

1977 年 4 月 25 日，日本大洋渔业公司的一艘远洋拖网船"瑞洋丸号"，在新西兰克拉斯特彻奇市以东 50 多千米的海面上捕鱼。当船员们把沉到海下 300 米处的网拉上来时，一只意想不到的庞然大物和网一起被拉了上来。网里是一具从来没有见过的怪兽的尸体。由于被网套着，看不清它的全貌，于是，他们把绳索拴在怪兽尸体的中部，用起重机把它吊了起来。一股强烈的腐臭从尸体中散发了出来，尸体上的脂肪和一小部分肌肉拉着长长的黏丝掉在甲板上。船内一片骚动，现在人们看清楚了，这是一个类似爬虫类动物的尸体。尽管已经开始腐烂，但整个躯体却保存得很完整，可以清楚地看到它有一个长长的脖子，小小的脑袋，很大很大的肚子（腹部已空，五脏俱无），而且长着 4 个很大的鳍……用卷尺测定的结果表明，怪兽身长大约 10 米，颈长 1.5 米，尾部长 2 米，重量约 2 吨，估计已死去一个月（事后经研究分析，认为已死半年到 1 年之久）。它既不是鱼类，也不像是海龟，在海上捕鱼多年的船员谁也不认识它。大家发出了惊奇的议论："这和尼斯湖里的蛇颈龙不是一样吗？""是尼斯湖的怪兽——尼西——吧？"……闻讯赶来的船长，见大家在欣赏一具腐臭的怪物，大发雷霆，他担心自己船舱里的鱼受到损失，命令船员们立即把它丢到海里去！幸好，随船有位矢野道彦先生，觉得这个发现有些特别，于是在怪兽抛下大海之前，拍摄了几张照片并作了相关的记录。

消息传到日本，顿时轰动全国，尤其是动物学家、古生物学家们则更加兴奋，他们看了照片，进行了分析，认为："这不像是鱼类，一定是非常珍贵的动物。""非常惊人呀！这是不次于发现矛尾鱼那样的世纪性的大发现。""本世纪最大的发现——活着的蛇颈龙"……消息也立刻传遍了全世界，各国报刊都纷纷转载了照片，发了消息。尽快这件事引起各国著名生物学家极大的兴趣和关注，他们都对此发表了感想和谈话。

把怪兽尸体又抛回大海这件事，引发了人们深深的遗憾和强烈的谴责。尤其是日本的一些生物学家，对此举简直气愤得"切齿扼腕"、"怒发冲冠"，他们指责船长"无知、愚蠢"。日本生物学权威鹿间时夫教授说："怎么也不该扔掉，看来日本的教育太差了，才会发生这样的事。为了2亿日元的商品，竟然把国宝扔掉，简直是国际上的大笑话。"尽管大洋渔业公司立刻命令在新西兰海域的所有渔船，奔赴现场，重新捕捞怪兽尸体，甚至包括前苏联和美国在内的一些国家的船只，也闻讯赶往现场进行捕捞。但由于消息发表之日7月20日，与丢弃怪物之日已相隔3个月，虽然他们想尽了各种办法寻找它，然而在茫茫的大海里，谁也没能再把它打捞上来。人类可能认识一种新动物的最好机会，就这样遗憾地错过了。

值得庆幸的是，这次发现总算给生物学家们保留下了3件证据：一是怪兽的4张彩色照片，二是四五十根怪兽的鳍须（鳍端部像纤维一样的须条），三是矢野道彦先生在现场画的怪兽骨骼草图。

照片是从三个不同侧面进行拍摄的。有两张是刚把渔网拖上甲板时拍摄的，网里是那只全身由白色的脂肪层包裹着的怪兽；另两张是在怪兽由起重机吊起时拍的，其中一张是从怪兽侧面拍的，另一张是从怪兽背面拍的。可以清楚地看到，怪兽有一个硕大的脊背，对称地长着4个大鳍，照片中还可看到它腹内已空，整个身躯肌肉完整，只是头部露出白骨，怪兽白色的脂肪下面有着赤红的肌肉。从个头大小来看，海洋里只有鲸鱼、巨鲨、大乌贼可以与它相比。但从照片来看，它的头部甚小，与现存的所有鲸鱼类的头骨迥然不同，而且颈部奇长，特别是有4个对称的大鳍，这就没有其他海洋动物或鱼类可以与它相提并论了。

鳍须这是唯一留下的贵重物证，也是留下的最具实际参考价值的东西。它是怪兽鳍端的须状角质物。长23.8厘米，粗0.2厘米，呈米黄色的透明胶状，尖端分成更细的3股，很像人参的根须。

骨骼草图左上方写着："10时40分吊起，尼西（即尼斯湖里的怪兽）拍了照片。"这是矢野先生当时的记录，他根据现场的观测和大致的测量，画下了这幅草图。怪兽骨骼长 10 米，头和颈部长约 2 米，其中头部 45 厘米，颈的骨骼粗 20 厘米，尾部长 2 米，根部粗 12 厘米，尾端部粗 3 厘米，身体部分长约 6.5 米。据他说，骨骼属软骨。

虽然上述这些记录和证据是非常宝贵的，而且成为科学家们研究、鉴定、探讨的依据，但是要依靠它们来确定怪兽究竟属于哪一种动物，还缺少根本性的依据。因为没有实物，无法与已知的各种动物和古生物的化石骨骼做比较，也就无法对比鉴定。所以日本的生物学家们说："哪怕带回一个小小的牙齿骨骼也好呀！"然而，毕竟太遗憾了……

它到底是什么？科学家们至今对此还是争论不休，众说纷纭。从 1977 年报道这一消息后，这场争论大体上经历了这样一个过程，从蛇颈龙说到鲨鱼说到爬虫类动物说再到不认识的动物说。

我们简要叙述一下各派假说的论据：

最初，有认为它是鲸鱼、鲨鱼的，也有说是海豹、海龟的。但是这几种猜测依照留下的 3 个证据都被一一否认了，鲸鱼的颈骨比怪兽短，鲨鱼的脂肪藏在肝脏里，而怪兽则在表层，最大的海豹长 5 米 ~6 米，最大的海龟长 2 米，这比 10 米长的怪兽要小得多，并且骨骼也不同。现在的焦点是人们怀疑它是 7 千万年前便已绝灭了的蛇颈龙的子孙。其中一个主要的依据，是因为它有那样长的颈。围绕着它的长脖子，人们争论不休，许多学者欣喜地宣布：它是"活着的蛇颈龙"。

日本横滨国立大学的鹿间时夫教授认为："从照片上看，仅限于爬行类，然而可以考虑太古生息过的蛇颈龙，可以说是发现了名副其实的活着的化石。"日本国立科学博物馆古生物第三研究室小岛郁生也说："从照片看来，似乎是蛇颈龙后裔。蛇颈龙有两种，一种是头小颈长，一种是头稍大颈短。这似乎是颈短的一种……"法国自然博物副馆长包雪女士以及一些新西兰生物学家等都同意这种说法。

的确，怪兽与蛇颈龙有着极其相似的地方。人们以怪兽骨骼图与蛇颈龙的化石骨骼做了比较，无论是整个骨架结构，或者局部的鳍、尾、颈都与之相似。特别应该指出矢野的怪兽骨骼图是根据他的目测和推测画的，并不完全准确，但其结构与短颈蛇颈龙如此相像，不能不说这种蛇颈龙说是有一定根据的。

蛇颈龙是生存于侏罗纪后期至白垩纪时期的一种海洋爬行动物，它的细脖子很长。与它外形相似的陆上蜥脚类恐龙最初也有着细长脖子，但是发展到侏罗纪后期，这种细长颈的恐龙逐渐消亡，代之而起的是白垩纪早期的素食龙（如肿头龙、沧龙等），颈部都比较短了。蛇颈龙也向颈短的方向发展，如果是这样，日本发现的这头怪兽也可以说是更进化了一些吧？于是报上宣布："这是本世纪的最大的发现！"

但是不久，对那一把唯一的物证——怪物须条，东京水产大学进行了蛋白质的分析，发现它的成分酷似鲨鱼的鳍须，于是报纸、新闻又转向鲨鱼说，一时间"巨鲨"、"一种未见过的鲨鱼"的说法又充满了报纸。此时，英、美一些国家的生物学家也持此观点。

英国伦敦自然史博物馆的奥韦恩·惠勒说："这个猎获物大概是鲨鱼，以前在世界各海滨附近曾发现许多别的怪物，结果弄清楚后，都是死鲨鱼。鲨鱼是一类软骨鱼，它们没有硬骨架。当鲨鱼死后，尸体逐渐腐烂时，头部和鳃部先从躯体脱垂，这样就形成了一个细长的'颈'，末端像个小小的头。许多日本渔民，甚至更为内行的人都被类似蛇颈龙的形状所愚弄……"这种说法似乎很有道理，而且一时间许多持有蛇颈龙说法的人也都放弃了自己原来的主张。怪兽等于鲨鱼，仿佛已成定论。

但是，经过再次测试须条，又不能肯定它是鲨鱼了，加上一部分学者坚持爬虫说，鲨鱼说又开始动摇。

的确，根据科学家和日本记者的现场调查，提出了种种否定它是鲨鱼的根据：

首先，鲨鱼的肉是白的，而怪兽的则是赤红的。

其次，当"瑞洋丸"船员们把它捞上来时，现场没有一个人肯定它是鲨鱼，为什么呢？记者调查了这个问题。原来鲨鱼没有排尿器，体内积蓄的尿是利用海水的浸透压力，从全身排出的。因此，鲨鱼的肉有一种尿特有的臭味，有经验的渔民都会闻出来。"瑞洋丸"的渔民们正是由于这一点而否定了它是鲨鱼。

再次，如果真是鲨鱼，那么具有软骨架的鲨鱼在死了半年之后，是绝对不会被起重机吊起来的。因为尸体开始腐烂，软骨也开始腐烂，尸体的软骨架绝对经受不住大约两吨的自重。对此，许多鱼类学权威都认为这是否定鲨鱼说的一个重要论据。

最后，怪兽有较厚的脂肪层包裹在全身的肌肉上，而鲨鱼只在肝脏里才有脂肪。

于是，从鲨鱼说又转回到爬行类动物说。证明怪兽可能是爬行类动物还有一个重要的论据，即怪兽的头部呈三角形，这是爬行类独具的特点，日本著名科学漫画家石森章太郎根据骨骼草图，画了一幅怪兽复原图，如果照此图来看，它可真像一个爬虫类动物了。

1977 年 9 月 1 日和 19 日，在日本东京召开了两次有关怪兽身份问题的学术讨论会，参加会议的人有鱼类、化石、鲸鱼、古生物学、比较解剖学、生物化学、血清等方面的学者共 19 人。他们研究了照片、草图和鳍须的组织切片，进行了认真的讨论，写出了 9 篇论文。综合两次座谈会的讨论意见，会议主持人、东京水产大学校长佐木忠义于同年 12 月 15 日下午向报界发表了日本学术界的研究结论：

第一，从怪兽鳍端须条的化学成分来看，得不出是鲨鱼的结论；

第二，从怪兽的两对腹鳍、长身体、长尾巴以及身体表面都是脂肪等特点来看，是和迄今已知的鱼类完全不同的一种动物；

第三，在分类学上，很可能是代表着全新的一种人类未认识的动物（海栖爬虫类?）。

现在，人们都盼望在南纬 43°、东经 48° 曾经打捞上怪兽尸体的地方，有一天会再现怪兽的踪影。或许它正是人们所期待的史前爬行动物。

美人鱼之谜

要追溯人鱼历史，恐怕很困难，因为很早以前，就有人相信有人鱼的存在，这其中包括雌性的人鱼（即美人鱼）和雄性的人鱼。神话传说中把知识和文化带给人类的巴比伦之神欧恩斯据说腰部以上是人，腰部以下是鱼。此外，在古叙利亚、古印度、古中国、古希腊和古罗马，人们也曾崇拜过类似人鱼的神灵。最近几个世纪，围绕这些生物出现了许多民间传说，人们也不断声称自己目击过人鱼。

公元一世纪的罗马自然学家大普利尼是最早描写这种生物的人之一。因为当时居住在海边的人报告了许许多多的目击，他毫不怀疑人鱼的存在。他还指出："有人看见许多人鱼在沙滩上搁浅，并且死在那里。"

北欧版本的人鱼传说有所不同，人们传说当它们生活在水里时就是海豹，而一旦当它们想变回陆地上的人时，只需脱掉身上的海豹皮即可！因此当地人把那种生物称做"海豹人"。在其他地方的人鱼传说里，人鱼也是可以在人和鱼之间随意变换的。它们从鱼形摇身一变就能同陆地上的人类结合，有的甚至能够同人类生下后代。然而不久它们就会害上严重的思乡症，对大海的思念终究会占上风，于是它们最后会跃身消失在浪花中。

水手通常认为看见一条美人鱼是一种死亡的预兆，往往此后将会有猛烈的风暴。传统芭蕾舞剧《美人鱼》中有这样的情节，船员看见礁石上坐着一条美人鱼，正在一手拿梳子、一手拿镜子打扮自己。于是船长便说："这条美人鱼已经在警告我们厄运将至，我们将会沉到海底……

但是美人鱼绝不仅仅是传说中的生物。在整个中世纪都不断有可信的目击证人报告说看见了它们。此类目击一直延续到了现代。

1809 年 1 月 12 日，苏格兰东北凯士尼斯的两个妇女在桑德赛德海边看见海面上露出一张妇女的脸——"圆鼓鼓的、泛着粉红色的光"。那个生物在海里时隐时现。那两个妇女甚至可以看到它身上长着丰满的人类的乳房。它不时在浪尖上露出又长又瘦的白皙的胳膊，同时将一头长长的绿色的秀发甩在脑后。

当其中一个妇女公布了这次目击人鱼的报告之后，威廉·门罗在同年 9 月 8 日写信给《伦敦时报》，追忆自己见到美人鱼的经历。12 年前，他正在桑德赛德湾的岸边散步时，突然发现"一个没有穿衣服的妇女坐在海边的一块礁石上，似乎正在梳理自己的头发。她的头发长及肩膀，是浅棕色的。"

门罗报告说那个生物的"前额是圆的、面部丰满、两颊红润、双眼碧蓝、嘴巴和双唇都很正常"。"它的乳房、腹部、双臂和两手都如同一个发育完全的妇女。"那个生物没有发现门罗正在看它，犹自在继续梳头。"它的头发又长又密，看上去它为此很自豪。"几分钟之后，那个美人鱼便滑入海中去了。

似乎这段时期里这种生物在苏格兰的海岸边特别活跃。在经过一系列的调查之后，《伦敦镜报》于 1822 年 11 月 16 日刊登了年轻的约翰·麦克艾赛科在发誓后所作的叙述。

他说 1811 年 10 月 13 日自己曾看见在"海边的一块黑色礁石上"有一个奇怪的动物。他注意到"它的上半身是白色的，像人体一样"（不过手臂比人的要短），而它的下半身则长满了闪闪发光的鳞片，颜色介于红灰色和红绿色之间。"那个动物大约有四五英尺长"，它的尾巴"就像一把扇子"。

同门罗笔下的美人鱼一样，麦克艾赛科看见的动物也喜欢抚摸它的长发。在岩石上躺了两个小时之后，麦克艾赛科看见的那个动物开始"笨拙地翻滚下海"，这使得他"看清了它脸部的特征，那几乎同人脸一样"。由于这时那个动物已经一半被水淹没了，而且"用两手不停地抚摸和清洗双乳"，麦克艾赛科无法断定它到底是雌性的还是雄性的。最后那个动物消失在了碧波里。

5 天之后，另一个目击证人在记录下麦克艾赛科的证词的同一个警长那里又发誓作了证。凯瑟琳·罗伊纳普说 10 月 13 日（即麦克艾赛科看见人鱼的同一天）下午，当她在海边放牧的时候，看见一个生物从岩石上滑入海中，然后在 6 码之外的海面探出头来。它有长长的黑发，上半身的皮肤白皙，下半身像鱼一样，颜色是深棕色的。当它游近海岸时，凯瑟琳看清了它的脸——就像小孩的脸一样又白又小。同其他的目击报告一样，这个动物也"不停地抚摸或清洗它的乳房"。不久之后它便游走了。

起初凯瑟琳不相信自己看到的一切，她对自己说那一定是一个从船上坠入海中的小男孩正在拼命挣扎。她的父亲后来回忆说，凯瑟琳跑回家里时，告诉他说有一个奇怪的男孩正在岸边游泳。然后当父母和她一道去找那个男孩时却什么也没有发现。

1814 年夏天，在苏格兰西海岸又发生了一系列目击事件。其中一起事件的目击者是一群小孩，他们开始还以为看见的是一个落水的妇女。根据 9 月 1 日《约克编年史》上刊登的一封来信，孩子们后来从近距离进行了观察，发现那是一条美人鱼：它的上半身就像是一个面颊红润，长发飘飘的漂亮妇人（不过它的手臂和双手如同孩子的一样小），而它的下半身"无论是颜色还是形状都像一条大鱼"。孩子们从附近招来农夫，其中一人准备用来复枪射杀那只生物。但是其他人都阻止他，于是他便朝那条美人鱼吹口哨。听到了口哨声，那条美人鱼扭过头来看着他。

《约克编年史》上写道："它一直出现在人们的视野里长达两小时之久，不时发出像鹅一样的嘶叫声。"后来又有人两次看见那个生物，"都是在清晨，海面风平浪静的时候"。

同年 8 月 15 日，两个渔夫在戈顿港离岸边四分之一英里的海面看见了一条人鱼。根据《苏格兰水星报》的报道，它面色黝黑、鼻子扁平、嘴大而眼小、双臂很长。不久之后，它的伴侣也游来了。之所以这么认为是因为渔夫们所看见的第二个生物有一头长发、皮肤细腻、还有隆起的双乳。那两个渔夫被这一奇怪的情景吓坏了，飞快地把船朝岸边划去，而那两个生物则一直盯着他们。

1830 年，苏格兰西北海岸附近的本巴库拉岛上的居民在岸边曾经看见过一个半鱼半妇的小生物在海里翻筋斗。一些男人企图去捕捉它但是没能成功。

最后一个男孩用一块石头砸中了它的背，它马上便消失了。几天之后，它的尸体被冲到了两英里以外的海滩上。

当地的警长邓肯·肖仔细地检查了它的尸体。他后来报告说："该生物的上半身如同发育良好的三四岁孩子，但乳房异常丰满。它的头发既长又黑，而且有光泽；皮肤白皙、柔软、细嫩。它的下半身像三文鱼一样，但是没有鳞。"在许多岛上居民都在场的情况下，那个生物被埋葬在纳顿的墓地。民间传说学家麦克唐纳·罗伯逊于 1961 年说："那个坟墓至今仍在，我亲眼看见过它。"

最有名的美人鱼的观测者显然是克里斯托弗·哥伦布。在他发现西印度群岛的航行中，他看见"远处海面上有三条美人鱼在跳跃"，并且发现它们"不如人们描述的那么漂亮"。从那些动物的动作来看，他所看见的更可能是三只海洋哺乳动物儒艮。

继哥伦布之后在美洲还发生了其他的人鱼目击事件。1614 年，当探险家约翰·史密斯在西印度群岛航行时，他看见水中有一个妇人。她是如此的迷人以至于史密斯第一次"感到了欲罢不能的痛苦"。直到他看见"那个妇人从腰部以下都是鱼"才死了心。4 年前的一天，当驾驶着一艘小船准备进入加拿大纽芬兰圣约翰的一个港口时，惠特波恩船长看见有一个类似妇人的奇怪生物正在朝他游过来。他警觉地迅速倒车让开。于是那个生物转了个弯，准备登上另一艘船。那艘船是属于威廉·霍克瑞奇的。他朝那家伙头上猛击了一下！然后它便消失在海里了。

同 17 世纪在缅因州南部海岸附近的卡斯可湾的一条人鱼相比，上面那条美人鱼还算是幸运的。据说当时它企图登上"米特先生号"，而船主则把它的双臂砍了下来。那个生物立刻沉入海中，"在被鲜血染成一片红色的海水里死去"。

此后不久，在加拿大诺瓦斯科蒂尔附近的海面上，三艘法国船上的船员看见了另一条人鱼。他们追逐了那条人鱼，试图用绳索把它捉住，但是未能成功。其中一艘船的船长记载说："他拂开了遮住双眼的苔藓般的毛发，他的身体上似乎也长满了这种毛发。"

前往新世界的探险家亨利·哈得逊是一个非常可靠的证人。哈得逊河就是以他的名字命名的。他也记录了一次目击人鱼的经历。1610 年 6 月 15 日傍晚，他手下的两个船员看见了一条美人鱼。她皮肤白皙、头发又黑又长，"她的背和乳房都如同妇女的一样"；她还长着"海豚那样的尾巴"。之所以那些船员能清楚地看见她是因为她"游到了船边，认真地观看着人类"。

19 世纪的自然学家菲利普·戈斯是这样评价这一目击事件的："对于这些在极地航行的水手来说，他们对海豹和海象的熟悉程度就如同一个挤奶姑娘对奶牛的熟悉程度一样。除非整个故事都是那两个船员精心编造的谎言，但是那个杰出的航海家（指哈得逊）对于他的手下人的性格应该是了解的，他本人也应该是客观的和有理性的，所以他们一定是看见了某种我们未知的生物。"

1797 年，奇泽姆医生访问了加勒比海地区的小岛波比斯。那里的总督冯·巴坦伯勒和其他人告诉他当地人多次看见在岛上的河流里有奇怪的生物，印第安人称之为"水的母亲"。在 1801 年出版的《西印度的恶性发烧症》一书中，奇雪姆医生写道："它的上半身如同人的身子……下半身像鱼一样……但是同海豚不同……人们看见它们时通常都是坐在水中，除非受到惊吓，否则人们是无法看见它们的下半身的……它们常常在梳理它们的头发，或者用手（或是类似手的东西）抚摸它们的面部和乳房……人们常常会误以为那是印第安妇女在洗澡。"

对于目击美人鱼的一种解释是它们实际上是海牛或儒艮。用科学家理查德·卡林顿的话来说："这些海牛被满心期待而又迷信的水手们'变形'化为了美人鱼。"1965 年出版的《海上女妖》一书的作者格温·本威尔和阿瑟·沃进行了一项调查，结果显示四分之三的此类目击发生在据认为海牛和儒艮不会出没的地方。其次，海牛和儒艮的形象同传说中的美人鱼也大相径庭。

但是不能在所有的案例中都排除是海牛的可能性。例如巴布亚新几内亚的新岛上的居民就常常报告说看见了类似人鱼的东西：一种腰部以上像人，腰部以下没有腿、不分叉，但是末端有鳍的生物。他们称这种生物为"日"。

当人类学家罗伊·瓦格纳 70 年代末访问该岛时，岛上的人告诉他说"日"长得就像金枪鱼罐头上的美人鱼商标。不难理解，瓦格纳对此非常感兴趣。在亲眼目睹了那种生物后，瓦格纳肯定说那种生物不是儒艮。

但是 1985 年 2 月的一支美国科学家探险队拍摄到了"日"的水下照片，无疑照片上是一头儒艮。这个谜被部分解开了。但是探险队成员托马斯威廉斯仍然奇怪，"在明明是儒艮的情况下怎么会有那么多人产生并坚持那是人鱼的说法呢？"

《自然》杂志的两位作家对于人鱼目击提出了第二种解释。

在对挪威的人鱼报告进行研究之后，他们得出了一个结论，即大气变化或大气紊乱能够导致奇怪的光学效果，其结果是使海面上的情景发生扭曲。于是杀人鲸、海象甚至露出水面的礁石都可能被水手误认为是人鱼。这些大气紊乱也是为什么在看见人鱼后会常常发生风暴的原因。在看过他们的研究报告之后，行为学家戴维·哈福德认为这种解释很有价值。

法国的民间传说学家和水下奇特动物专家米歇尔·莫杰认为要从生物学的角度来解释人鱼是没用的。他认为目击人鱼是"幻觉经历"，是源自迷信的、栩栩如生的幻觉而已。

另一种理论声称人鱼是一种尚未发现的新物种。未知动物学家的奠基人伯纳德·休弗曼斯 1986 年在一份报纸上撰文指出："只有说那是一种尚未记载的海牛的近亲，或者是一种未知的海洋生物，才可以解释为什么从古至今在某些海域一直都有如此众多的人鱼的目击报告。"

本威尔和沃都赞成这个结论。但是很多人都对此不屑一顾，因为这种通常在离海岸不远处被人发现的生物从来没有留下遗骸可供人们进行科学的研究。

作怪的"海蛇"

1947 年 12 月,一艘从纽约开往卡塔赫纳的希腊定期远洋轮,传来一则惊人的消息:"撞死了一条不为人知的海洋动物。"初步估计可能是"海蛇"。

该远洋轮的船长在纽约说:当怪物还在视线以内的时候,它就被撞死了,周围的海水被染成了红色。怪物的头宽 0.76 米,粗 0.66 米,长约

作怪的"海蛇"

1.52 米。圆柱形的身体的直径达 1.52 米，颈子直径有 0.43 米，外皮呈褐色，无毛。

以后，在肯尼亚、朝鲜、加拉帕戈斯群岛、地中海等水域，先后都出现过这种目击奇闻。

1959 年 12 月 1 日，德班的一群渔民突然扔下渔网，中断了捕鱼，张皇失措地将船驶向岸边。原来，他们在公海里遇到了一群从未见过的海洋动物。有一条船的目击者后来说，有约 20 条 10 米~15 米长的怪物，他一生中从未见过类似的动物。

1964 年 5 月 14 日，"新贝德福号"捕鱼船的渔民，在马萨诸塞海湾又遇到了同样的事情。准备捕鲸的渔民惊奇而张皇地发现，他们见到的不是鲸，而是一条 15 米长的不为人所知的动物。该动物把鳄鱼般的头抬离水面 4 米~5 米。

1966 年 7 月，美国人布莱特和里奇埃，乘一只划船穿过大西洋。当他们划到大西洋中心时，发生了一起奇异的遭遇。夜里两点左右，里奇埃抓住布莱特的肩膀，只见发磷光的海浪中出现了一个发亮的长带。它冲开浪峰，从水里抬起一个从未见过的动物的头。一双突出的眼睛闪烁着绿光，冷冷地盯着发呆的人，动物慢慢地游动着，转动着长颈上的头。

海洋较少地经受非生物因素的交替。不仅对季节的变化不敏感，而且在几个地质时代内，温度、含盐度、溶解在水中的各种物质的含量的变化同陆地上发生的变化相比较，是极其微弱的。无怪乎在上一个世纪中叶就出现过这样一种观点：认为海洋是一切生物避难所中最安全的处所，那里可能躲藏着前几个地质时代的有代表性的动物。

1864 年，从 540 米深处获得的海百合，过了几年，又得到了鲜红色的海胆。可在那时以前，人们只见到过这些生物的化石，其年龄已有 15000 万年。1939 年，人们又发现了活"化石"——总鳍亚纲的矛尾鱼。

门席斯博士有这样一个著名论点：虽然许多"海蛇"的故事，看起来是荒诞的，但对这些故事置之不理却更为荒诞。

人们目击的这种动物，究竟是一种还是几种呢？根据古生物资料对长颈动物的描述来判断，首先想到的就是 15 米长的蛇颈龙。看来，这种动物的数量不会太多，它们生活在深海区或不是经常用网捕鱼的海域。由于它们的听觉和视觉很发达，行动显得非常小心。它们总是避开船只和捕捞工具，并且善于夜间活动，间隔较长时间（几个小时）才呼吸一次。

被人们所看到的，可能是其中年老或体弱的。它们在习性上已发生了剧烈的变化，功能丧失，才被人们发现。

总结历史材料，十分有益。它有助于使今后的目击者更加注意这方面的新材料，为最终揭开这一秘密而努力。

奇怪的鲨鱼

以活人祭鳄鱼

澳洲昆士兰北部发现了一条长达 8.24 米、重达 2 吨的大鳄鱼，更发现了一群以大鱼为神灵、以人作祭献的土著，而受害者已多达百人。

该骇人的命案由一名受害者的兄长揭发，某日，这名兄长目睹妹妹在光天白日下被数名男子掳走。他尾随跟踪，抵达森林某一沼泽，见这群男子把他的妹妹推进一干旱的沼泽内，然后步入林中。

他继续跟踪，并发现了他们的聚居营口，他立即跑回市区报警求援。警方抵达沼泽后，赫然发现沼泽内有巨型的鳄鱼及无数的人类尸骸。警方随即进行大规模的缉捕该土著行动，共逮捕了 30 名土著人，但其首领及至少 25 人则仍在逃中。警方派了 2 名捉鳄鱼专家到场把巨型鳄鱼捕捉，并取回骸骨检验，据初步检验认为至少有百名人士受害，并相信这群受害人不是意外坠进沼泽内，而是被这土著视为祭品推入沼泽的。警方现在加紧追捕这土著的首领，避免他们再以另一条鳄鱼作神灵，为害人间。

鲨鱼救人

罗莎琳是美国佛罗里达州立大学学生。

1985 年圣诞节，罗莎琳与两位同学到南太平洋斐济西面的马勒库拉岛去旅游。在返回斐济途中，轮船行驶了半小时后，忽然听到底舱有人喊："船漏水了!"顿时船上乱成一团。罗莎琳急忙穿上救生衣，和两位同学爬上了一条救生艇。这时艇上已有 18 个人了，由于人多和动作不协调，小艇摇晃得很厉害，随时都有翻船的危险。小艇在海浪中颠簸了 2 个 ~3 个小时，远处出现了一线陆地。大胆的罗莎琳跳进海中喊道："离陆地已经不远了，胆大的跟我游过去。"但由于海浪太大，无法发挥她的游泳水平，她只能随着海水漂。正在紧急关头，忽然她发现一块大木块，于是就急忙抓住它，由木块拉着她在海上漂流。

她漂了几个小时，这时，海上夕阳西下，她又发现有一根黑木头，迅速地向她漂来。到跟前时她才看清原来是一条 2 米 ~3 米长的鲨鱼！黑色的脊背，银灰色的肚皮，牙齿在月光下闪闪发光，她想她一定会被鲨鱼吃掉。

鲨鱼猛撞了她一下，然后张开大口咬住她的救生衣，把它扯碎。随后两条鲨鱼，一边一个把她夹在中间，用头推着她前行。一夜都是这样，天亮时，罗莎琳才发现在这两条鲨鱼周围，还有四五条张着血盆大口的鲨鱼正想冲过来吃她，但被这两条鲨鱼赶跑了。

到了第二天中午，一条鲨鱼突然游走，过了一会儿又回来了，罗莎琳看到面前漂着一条小鱼，原来鲨鱼为她准备了午餐。她饿极了，抓起小鱼就吃。

当暮色又一次降临海面时，一架救援直升机将罗莎琳救起。她在半空想再看看那两条救命的鲨鱼，但它们已消失得无影无踪了。

人们不相信凶恶的鲨鱼会救人，但这确实是事实。

鲨鱼抗癌之谜

迄今为止，癌症仍然是威胁人类生命的主要疾病之一，而且目前科学家仍未找到治疗癌症的特效药物。因此，寻找抗癌治癌良药，已成了科学上的一座难攻的堡垒。

生物学家发现，鲨鱼的身体异常健康，它们即使受了极大的创伤，也能迅速痊愈而且丝毫不会发生炎症，更不会感染疾病。

美国著名的生物化学博士鲁尔，在世界闻名的玛特海洋实验室工作，他对鲨鱼的生理和病理作了长期的研究。在 25 年间，他先后对 5000 条鲨鱼进行过病理解剖研究，只发现一条鲨鱼生有肿瘤，而且还是良性肿瘤。

全美低等动物肿瘤登记处，在 16 年的记录中，鲨鱼患癌症是最少的。鲁尔还发现在科学家所调查的 25000 多条鲨鱼中，只有 5 条长有肿瘤。鲁尔的这个发现，引起了科学家对鲨鱼的极大兴趣，各国科学家都开始了对鲨鱼的研究。

美国佛罗里达州的科学家曾用一种极猛烈的致癌剂——黄曲霉素——去饲喂鲨鱼。在将近 8 年的饲喂实验中，未发现一条鲨鱼长出一个肿瘤。可见鲨鱼的抗癌能力是极强的。那么，它的抗癌绝招是什么呢？

有的科学家认为，鲨鱼的抗癌绝招是它的肌肉里能产生一种化学物质。这种化学物质能抑制癌细胞生长，因此不易患癌。

鲁尔博士则认为，鲨鱼的肝脏能产生大量的维生素 A。实验证明维生素 A 有使刚开始癌变的上皮细胞分化，恢复为正常细胞的作用。所以鲁尔认为保护鲨鱼免于患癌的秘密武器是维生素 A。

另一些科学家则认为，鲨鱼的血液中能产生一种抗癌物质。我国上海水产学院的科学家也支持这一观点。1984 年，他们从鲨鱼的心脏中采血，然后提取一定浓度的血清，再把它注入人体红血球性白血病细胞中（是一种血癌）经过一段时间，他们发现一些癌细胞的正常代谢作用被破坏，大部分癌细胞已死亡。这说明鲨鱼的血清具有杀伤人类红血球性白血病肿瘤细胞的作用。可见鲨鱼的血液中有抗癌物质。

还有科学家认为，鲨鱼的软骨组织中有秘密武器。从前，科学家已发现：牛犊的软骨有一定的防癌作用。1982 年，美国麻省理工学院的科学家朗格尔，在研究中发现：鲨鱼的骨骼全部由软骨组成。这些软骨组织中有一种能阻断癌肿周围的血管网络的化合物，它能断绝癌细胞的供养而使癌肿萎缩，同时能杀死癌细胞。他通过实验证实了，鲨鱼软骨中的物质能完全阻止癌细胞的生长而无任何副作用，其抗癌作用比牛犊软骨中的物质强 10 万倍。

美国哈佛大学科学家，试用鲨鱼软骨提取物，治疗 32 个晚期癌症病人，结果 28 人治愈，其余人的癌肿也明显地缩小了。

1991 年，墨西哥康脱拉斯医院，用鲨鱼软骨提取物治疗晚期癌症病人 8 例，他们的癌细胞不同程度地缩小了 30%～100%。

分子生物学家扎斯洛夫认为，鲨鱼的抗癌武器在胃部。他在实验研究中发现：鲨鱼的胃部能分泌一种叫"角鲨素"的抗菌素，它的杀菌效力比青霉素还强，并且它还能同时杀死原生物和真菌，还能抗艾滋病和癌症。

结论真是五花八门。

鲨鱼抵抗癌症的秘密武器到底是什么，现在仍是个谜。相信，这个谜被揭开之时，便是人类送走癌症瘟神之日。

噬人鲨

鲨鱼有"海上恶魔"之称，渔民或海员无不"谈鲨色变"。而在鲨鱼中，最厉害的当属噬人鲨了。噬人鲨也叫大白鲨，是鲨鱼中的巨无霸。

1989年1月28日，在美国洛杉矶以北不远的海面上，随浪漂来一具女尸。女尸身上伤痕累累，仅腿部一处伤口的宽度就达33厘米。人们很快就查

噬人鲨

到了她的身份，她的名字叫塔曼娜·麦坎尼斯特，24 岁，是洛杉矶加利福尼亚大学的硕士研究生。4 天前，她同男友斯托达德乘橡皮艇出海，接着便失踪了。人们根据死者身上的情况和出事地点判断，他们是遇上了大白鲨。

像这样有关大白鲨吃人的消息层出不穷，一提起大白鲨，人们就不寒而栗，把它称为"白色的死神"。

大白鲨体长一般在 7 米左右，最长的可达 12 米，重约 1800 千克。大白鲨属于软骨鱼类，体侧肌肉发达，力量强大。它的嗅觉特别灵敏，尤其是对血腥味，从老远处它就能闻得到。最让人望而生畏的，是它那锐利的牙齿，每个牙的齿刃上都有小锯齿，这些牙齿成排地排列在嘴里，最多的可达 7 排之多，有 1.5 万多颗。此外，它身体的表面上还覆盖着无数锐利的鳞片，每片鳞片都像一排锋利的刀刃，只要在人身上擦一下，就会刮下大片皮肉来。

现在人们想要弄明白的是，大白鲨为什么要向人进攻？海洋动物学家们认为，大白鲨虽然十分凶残，但它很少袭击人。据统计，每年数以亿计的在大海里游泳的人中，只有五百万分之一遭到大白鲨的袭击，而其中的 80% 只是受了点儿伤而已。但它为什么要袭击人呢？有人认为，那纯属判断错误，它们误将落水者或在海里游泳的人当成海豹或海狮了。还有人认为，大白鲨向人进攻，可能是向闯进它们领地的人发出的警告。也有人认为，大白鲨向人进攻，也许是它们体内某种平衡机制被打乱所致。

人们还发现，像凶神恶煞一般的大白鲨，竟然怕橙黄色。只要放一块橙黄色木板在大白鲨旁边，它就会马上走开。这又是怎么回事呢？

由于大白鲨性情凶猛，喜欢单独活动，且广泛地分布在世界大部分海洋里，这就给研究工作带来了很大的困难，人们至今也没有弄清楚其种群的数量。

深海动物起源之谜

人们一般把深度超过 200 米的水域称为深海。那里没有太阳光，是一片黑暗的世界。由于海水的压力随着深度而增加，深度越大，海水的压力也越大，在 4000 米深的海底，一个成年人所承受的压力，大约相当于 20 个火车头压在身上。经深海调查得知，深海区的水温终年不变，一般都在 4℃ 左右，水不大流动，水中氧气很少，加上没有阳光照射，光合作用无法进行，因而深海里没有植物。然而令人难以置信的是，在如此恶劣的深海环境中，却生活着许许多多深海动物，其种类可以说难以计数。就鱼类来说，有巨尾鱼、后肛鱼、巨喉鱼、叉齿鱼、锯颌鱼、皮条鱼、黑鲸犀鱼、树须鱼、固灯鱼、鞭吻鱼、须鲥鱼、狮子鱼等等。棘皮动物不能在淡水中生存，但却能在深海里成长，主要的种类有海胆、海星、海花（海百合）、海参等等。此外，深海底还生活着红螺、蚌、巨形蠕虫、虾、蟹、海蜘蛛等。

深海动物

这些深海动物是从何处起源的呢？这在目前仍然是一个未解之谜。

有的学者认为，深海动物起源于深海之中。远在几亿年以前，最古老、最原始的动物栖息于水深超过千米的深海之中。其理由是，人们曾用拖网从那里得到了被称作是动物发展史上"失踪的环节"和仅仅从化石中才了解到的绝迹动物。例如，有 10 个从 3540 米深海底捕获的活标本——铠甲虾和新帽贝，可以说是与 3.5 亿年前就已灭绝的古蜗牛和帽贝同是一家。另外，在那里还存在着动物界中特殊的目和不久前才发现的新纲动物——海洋拟蠕虫。这足以说明深海动物的古老。

有的学者认为，深海动物起源于海水的表层动物或海滨的动物。后来，它们主要通过两条途径迁移到深海定居下来，一条途径是从海面经所有的水层，也就是从光照层到弱光层再到无光层，抵达深海；另一条途径是沿着海底大陆架——大陆斜坡——深海迁移下去的。现已证明，深海底栖鱼类最早是生活在大陆架的浅海底栖鱼类，后来它们沿着大陆斜坡逐渐向深海底分布过去，慢慢适应了深海生活。人们在 7000 米的海沟底层捕到的深海狮子鱼和须鳚鱼，就分别与在沿海过底栖生活的浅海狮子鱼和须鳚鱼属于同一个家族。

也有人认为，所有的深海动物以及淡水动物都起源于浅海。而淡水动物比深海动物要古老，说明浅海动物先向陆地淡水区域迁移，然后再向深海迁移。

还有一种观点认为，大多数深海动物可能来自北极海域或南极海域，因为它们都有适应低温生活的特征。

总之，对于这个自然之谜的解释和推测是各种各样的，目前各国学者仍在积极探讨之中。

海洋深处奇异生命之谜

真正的海洋奇观不是别的，而是深海中繁衍的"超级生命"。科学家探险小组簇拥在一艘小型的深潜器上，直潜海底。透过舷窗，研究人员清晰地看到，从一个充满熔岩的谷底耸出层层山脉，在一个山顶上竟然从深深裂缝中冒出黑烟。这不就是火山口吗？他们惊喜地叫喊起来。这艘名叫"阿尔文森"的潜水船经验老到，大胆地直驱火山口，迅即使用机械臂将温度计伸入洞口那烟雾腾腾的液体喷泉处。温度显示400℃以上，那荡漾水汽与几近结冰的海洋形成鲜明的对比，分明是两个世界。此时，最令人震惊的场面出现在人们面前：火山口周围群居着大量的生物，热泉附近的岩石上黏附着无视力的管状蠕虫，一团又一团；海底无数的螃蟹忙碌地爬行着；蛇状的帽贝则吞食着覆盖在岩石上的小细菌。要知道，三年前的一次海底火山喷发曾吞噬了这里的一切生命，这些生命在如此短的时间内便重返家园繁衍生息，令人惊叹不已。

很难想象，这些深海生命在高出海面几百倍压力的黑暗世界中生存，还要与有毒的火山气体浓雾进行斗争，它们吃什么？人们知道，火山气体从大洋中脊下的热点处山脉升腾，正是在这些热点处群集着生物。火山喷发时，叫做"岩浆"的炽热液体岩涌到表面，岩浆堆集为洋脊，并产生热泉。正是在这些海洋热泉中含有十分丰富的化学物质，这些物质是织热的液体经岩石沥滤获得，以此滋养着海底奇异的生命。在海底生命群落中，细菌可谓食物链的基础。如何将火山口的重要化学物质硫化氢转变成其他生物的营养，这个重任首先由硫化氢杆菌来承担。细菌的不断繁殖，又为其他生物提供了丰厚的食源。有些动物就直接以细菌为食，另一些动物则靠这些细菌在体内将化学物质转化为营养物质，变成食物，就像人体的某些肠道细菌一样。

人们在陆地追踪一次次火山喷发前后的生物繁殖规律，就不是一件容易的事，何况在远离大陆的大洋中脊去探访深海生物。人类首次拜访海洋火山口是在1991年，科学家们冒险潜到远离墨西哥海岸的一个太平洋的洋脊，那次他们到达时根本没有发现任何生命，但找到了生命的遗迹：在一团团巨大的弥漫烟雾的黑水中，偶见似雪花的一缕缕白色死细菌；在熔岩淤泥中找到被灼烧的管状死蠕虫。不用说，这是刚发生的火山喷发毁灭了所有生命。从这次起，研究人员的兴趣日浓，数次探访这一火山口，试图寻求生命的奥秘。令人惊奇的是，火山喷发后仅几个月，他们就看到横行霸道的螃蟹吞食着细菌和被灼烧的管状蠕虫尸体。细菌当然是捷足先登者。火山喷发后一年，几种管状蠕虫便先后到达，并有长达25厘米的成年蠕虫。到1993年，科学家们再次拜访这个火山口时，发现了长达约15米的巨大红白色管状蠕虫，加入这个队伍的还有帽贝、蛤以及其他珍稀生物；1994年，海洋大鱼也光顾这肥沃的区域，以小动物为食了。于是，一个奇妙的海底火山口生物群体便应运而生。

人们疑惑，这些海洋生物为何如此迅速地找到这块宝地？是它们嗅到了硫化氢的化学气味，赶上了海流而至，还是发现了其他线索？科学家们至今无法解释。

鲨鱼群居之谜

以往人们总是认为，在无边无际的海洋里，鲨鱼从来不过成群结队的群栖生活。因为鲨鱼生性残忍，吞食同类。小鲨鱼见到大鲨鱼，一定会逃之夭夭；大鲨鱼遇到小鲨鱼，也会加以追杀，绝不会口下留情。

可是，1977 年，在墨西哥湾的美国得克萨斯州沿岸一带，却出现了海洋生物史上罕见的奇观：2000 多条大小不一的"海上凶神"——鲨鱼，群集在 24 千米长的海域里，不停地游来游去。它们既不凶残地相互厮杀，也不贪婪地吞食弱小，而是和睦相处，显得十分温文尔雅。

为了解释这种奇特的现象，美国海洋研究所的研究人员克拉依姆利于 1977 年夏天来到墨西哥湾，对得克萨斯州近海的 3 个鲨鱼群观察研究了一个月，得到了不少有趣的资料。

这些鲨鱼群分别是由 30 条 ~ 225 条雌雄相杂的鲨鱼组成，鲨鱼体长为 0.9 米 ~ 34 米不等，平均体长为 17 米。群集的密度较高，一般在距水面 0.6 ~ 23 米的深度活动，大部分鲨鱼游弋于 10 米深的水层中。雌鲨鱼在鱼群中占有绝对优势，约为雄性的 27 倍。

鲨鱼为什么会结集成群，它们为什么不互相残杀而是和平共处？这些都是未解之谜。克拉依姆利提出了一系列假设，来说明鲨鱼集结的原因：或为了交尾，繁殖后代；或为了集体抵御更凶猛的敌害的袭击；集群游动可以减少前进阻力，节省能量；便于找到食物等等。但这些都只是假设而已——假设并不等于事实。真正的原因是什么，仍然是一个谜。

独角鲸长牙之谜

独角鲸是世界上唯一长着螺纹牙的动物，几乎在一切描绘独角兽的图画里，都画着这种长牙。独角鲸的大小像海豚一样，直到现在仍然几乎跟弗罗比歇时代一样很少为人们所了解。即使在今天，独角鲸那奇特的外貌和罕见的踪迹，总会引起人们种种神思和遐想。

尽管可能有 20000 条 ~30000 条独角鲸在北极海域游弋，但它们的生态特性、生活史和习性对我们大多数人来说，仍然是模糊不清的。难得有人对独角鲸进行详细的研究，也从未有人能成功地驯养它。这种不轻易露面的动物栖居在加拿大、格陵兰和前苏联远离航道和捕鲸场的偏远而寒冷的沿海地区，因此即使是死的独角鲸也是十分罕见的。

独角鲸牙引人神思遐想，非常罕见。独角鲸雌性体长约 4 米，通常体重 1吨左右；而雄性比雌性大得多，长可达 5.2 米，重达 1.8 吨左右。幼鲸皮肤为蓝灰色，成年鲸为黑色，进入老年的独角鲸逐渐变成灰白色。最为奇特的是，雄鲸的左上颌长有一枚长 2 米左右的长牙，呈笔直的螺旋形；而雌鲸一般很少有这种长牙。独角鲸（也称"一角鲸"）就是因为有了这枚似角的长牙而得名。

独角鲸为什么会长这么一枚长牙，这长牙有什么作用？

有的学者认为，这长牙是独角鲸对付敌害和与同类争斗的武器；有的学者则认为，由于独角鲸生活在北极冰冻海域，这只长"角"是用来凿穿冰层，以便进行呼吸的；还有科学家认为，独角鲸的长"角"是它获取食物的工具；另一些科学家则设想，独角鲸在快速游动的时候身上发热，它们是利用这枚长牙来散发余热的；也有一些科学家说，在寻找食物的时候，独角鲸利用这只"角"作为回声定位的工具；还有一种看法是，独角鲸利用这只"角"，改善全身的流体力学性能，从而游动得更快；有的学者还认为，独角鲸这只长"角"的尖端表面很光滑，似乎是可以用来引诱小鱼，以便乘机吞下。真是众说纷纭。

此外，科学家们还提出了一系列尚待解决的问题。为什么独角鲸这个螺旋形的"角"上都是左旋螺纹，而不是右旋螺纹？为什么只有雄鲸长"角"，而雌鲸极少长"角"？这种鲸上颌本来左右两边各有一枚牙齿，但为什么只有左边的一枚长得这样长，右边的一枚却隐在牙床里没有长出来呢？这种不对称的现象在动物界是闻所未闻的。大象、海象、儒艮（人鱼）、野猪等都长有一对弯曲的长牙，为什么只有独角鲸长的那一根长牙是笔直的？

几个世纪以来，独角鲸的长牙一直是人们追逐的对象。主要原因是人们认为这只独"角"乃是稀世之珍，是可以治疗多种疾病的神奇药物，包括治疗疟疾和鼠疫。俄罗斯的科学家曾分析过这种"角"的化学成分，解释了它神奇功效的奥妙，即它能中和毒物的化学成分，主要是一种含钙的盐使毒物丧失了毒性。由于人们长时期的大量捕杀，独角鲸已处于灭绝边缘。

尽管长期以来科学界一直未中断过对独角鲸的研究，但至今仍有许多奥秘未能揭晓。1988年夏，两位加拿大科学家来到巴花岛以北的一个海湾，试图揭开这个谜。他们向海里抛出一张巨大的渔网，然后静静地等待着，终于他们听到了一阵爆炸般的震耳的响声，一群独角鲸游过来了，然而遗憾的是只网住了一头，其余的都逃脱了。两位科学家把一个小型管状无线电装置固定在这头独角鲸的长牙上，然后在直升机上观察它的行踪。然而出乎意料的是，两天以后，这头独角鲸竟然从科学家们的视野中消失了，留给人们的仍然是未解之谜。

抹香鲸之谜

抹香鲸是齿鲸类个体庞大的一种，而它真正吸引人的地方在于它占体长四分之一的巨大额部，那里面储存了丰富的油脂，可供人们提取 10 桶 ~ 15 桶（每桶为 36 加仑）纯净的鲸油，为此，它们也付出了惨重的代价，由当初的100 多万条锐减为现今的几万条。

幸好贪得无厌的人们及时恍然悔悟，停止了大肆捕杀，在印度洋上开辟了鲸类禁猎区，才避免了抹香鲸的灭亡。

然而，人们并未停止对抹香鲸的兴趣，只不过已变为另一种方式，即对抹香鲸神秘性的探索，相信这种工作才是真正有意义的。

1981 至 1984 年，在国际野生动物组织的资助下，加拿大纽芬兰海洋科学研究学会的 H. 瓦德汉等五位学者，首次完成了对抹香鲸生态习性的全面考察，掌握了大量的第一手资料，对神秘的抹香鲸有了初步的了解，也带回了一些无法解释的谜团。

首先，依然是那个装满油脂的巨大额部，它对抹香鲸来说到底起什么作用呢？科学家们对此作了种种推测，说法不一。

美国的 W. 瓦德基对此的解释是，抹香鲸是以捕食深海区的章鱼、乌贼为生的，是包括其他鲸类在内的一切海栖哺乳动物中的"潜水冠军"。虽然它有一个巨大的肺部和储藏空气的巨大腔膛，但这不足以使它在长时间潜水后迅速升浮到海面，而它额部多余的巨大脂肪体却起到了浮力调节器的作用，为它深海潜捕赢得了时间。

但是法国学者 R. 布斯涅尔不同意上述观点。他认为抹香鲸巨大的额部脂肪体实际上是起回声探测器的作用。它之所以能在深海区昼夜捕食，就是因为具有优于其他鲸类的声呐系中的接收功能，它额部的脂肪体就像声学中的透镜体一样，将复杂的回声折射成灵敏的探测声，以便正确地分析、探测猎物的方向及数量。

以上两种解释都基于推测，由于缺少足够的证据，目前还很难判断哪种更接近于真实，抑或二者都不是合理的解释。那准确的答案还在冥冥中。

另外，抹香鲸那神秘的"吻"，也是令人困惑的谜。在三年的考察中，瓦德汉等学者多次发现，雌、雄抹香鲸的嘴部相互接吻，成年抹香鲸的嘴部也常接触幼鲸，它们是和人类一样以此表达爱意吗？那么，为什么成年抹香鲸在海面相互振动嘴部之后，就意味着开始一场争斗呢？而争斗的结果又往往在双方的下颚部留下牙齿咬的平行伤痕。对此还没有人作出过合理的解释。

再有，抹香鲸以何种方式摄食也是人们长期探索而至今未决的问题。有人认为抹香鲸属齿鲸，当然用牙齿撕咬猎物，然而在瓦德汉等学者的三年考察中，多次发现，即使牙齿严重磨损，甚至完全脱落的抹香鲸，依然能捕获、吞食大量乌贼。

于是又有人提出抹香鲸捕食既不依赖牙齿，也不靠它巨大的体型，而是在捕食前大吼一声，把猎物吓昏，然后食之。然而经考察，鲸类并没有声带，它们的声音又是怎样发出来的呢？有人说是额部共振产生的，但又不能确认。所以这也是一个未解之谜。

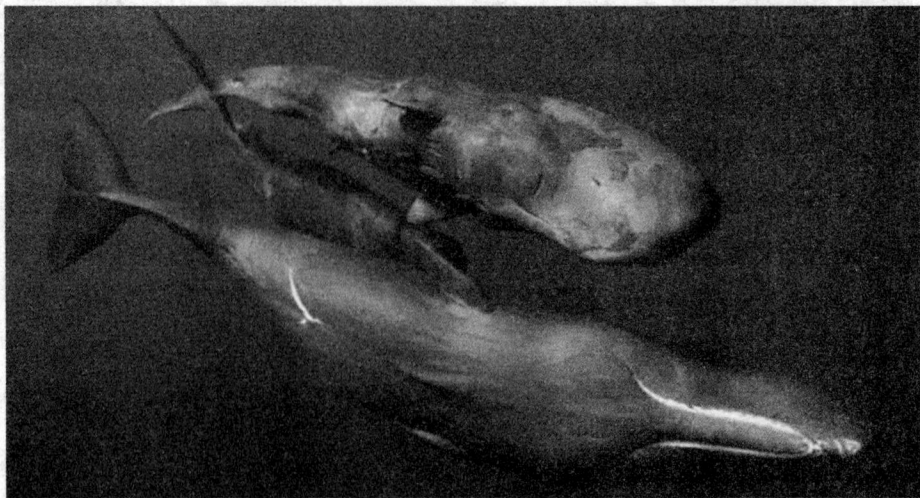

抹香鲸

摩西豹鳎之谜

鲨鱼是鱼类中的"巨人"，也是海上"魔王"。它能一下子吞掉几十条小鱼，还能咬死和吃掉身躯庞大的大鱼，连鲸这类庞然大物也不例外。你可知无恶不作的鲨鱼也有天然的"克星"？

传说当年摩西把红海海水分开，让以色列人逃脱埃及人的追赶，恰巧有一条小鱼正在当中，给分成了两半，变为两条比目鱼，这就是生活在红海北部亚喀巴湾的摩西豹鳎。这种身体扁平的鱼像豹子一样身上布满了斑点，一般情况下它们总是悠闲地躺在海底。一旦受到威胁，它们就会分泌出一种致命的乳白色毒液，名为"帕特辛"，毒液的效果可以维持 28 小时以上。科学家发现，这种毒液即使稀释 5000 倍，也足以使软体动物、海胆和小鱼在几分钟内死亡。美国生物学家曾把一条摩西豹鳎放进养有两条长鳍真鲨的水池中，鲨鱼立即猛冲过去张开血盆大口去咬豹鳎，突然，它使劲地摇着头，扭动着

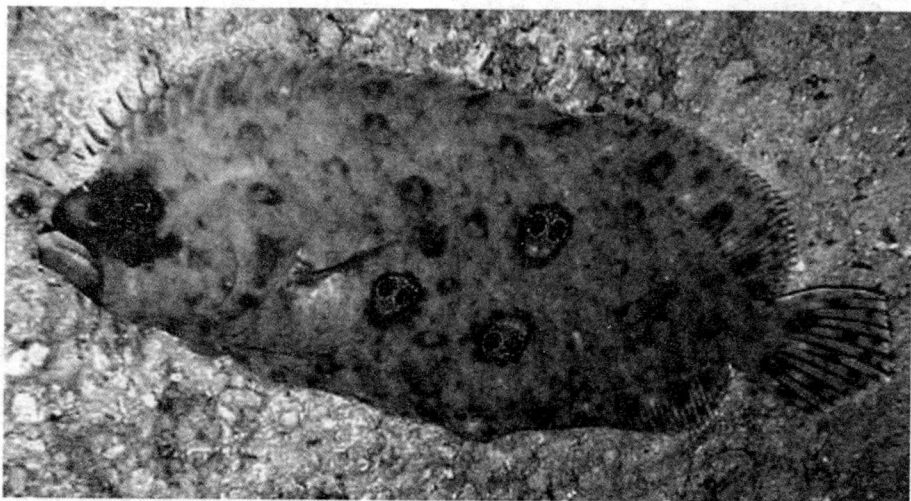

摩西豹鳎

身体，样子痛苦万分。原来鲨鱼的咬合肌被豹蟾分泌的乳白色毒液麻痹了，此时竟无法闭嘴。鲨鱼的探测器官十分灵敏，海洋中极微量的毒液它也能探测出来，所以再贪婪无比的鲨鱼，对这种红海鱼也只能望而却步。目前，生物化学家正致力于人工合成这种防鲨的毒液，一旦获得成功，凶恶的鲨鱼就只能"望人兴叹"了。

奇妙的是，深海底还有一种巨大的动物，吞食鲨鱼可谓易如反掌，是鲨鱼望而生畏的另一种"克星"。那是 1953 年夏季的一天，澳大利亚潜水员琼斯潜入近海水域，去测试一种潜水服的性能。当他潜入大海深处时，发现一条漆黑的大海沟，便停止下潜。不久，一条足有四五米长的大鲨鱼发现了他，在离他 5 米左右的地方游动。就在这时，从黑暗的海沟里钻出来一个灰黑色的大圆形动物。琼斯借助潜水灯光看清，那是一个庞大的扁体怪物，似乎没有手足，也没有眼和嘴，就像一块光滑的木板摇摇晃晃地从海底浮了上来。这个怪物大得出奇，比世界上最大的蓝鲸还要大得多。素有"海中恶魔"之称的大鲨鱼一见到它就立刻吓呆了。停在水中一动也不敢动，似乎全身都变得麻木了。那大怪物游近鲨鱼旁边只轻轻一蹭，鲨鱼立时抽搐起来，完全失去了抵抗能力，随即被那个巨大动物一口吞了下去。吞掉鲨鱼后，大怪物若无其事地摇晃着肥大的身躯，又沉入到深海去了。科学家们闻讯后多方考察，但一无所获，这个吞食鲨鱼的深海怪物究竟是何种动物，到现在还是一个谜。

海洋巨鲨之谜

墨西哥人吉姆·杰弗里斯是一名潜水员，考察海洋生物是他的一种特别爱好。他听说加利佛尼亚半岛有一片沙漠地区，在 1000 万 ~ 2000 万年前曾经淹没在大海底下，于是便动身前去考察，希望能在这片古海遗址上找到一些海洋古生物的化石。

他来到加利佛尼亚半岛顶端的卡布·圣卢卡斯，在向导的带领下进入沙漠地区。他们在燥热的空气和飞扬的沙尘中步行了 18 千米。吉姆·杰弗里斯又渴又累，正想休息一会儿，突然发现前面不到 3 米的地方有个光滑的东西突出在沙地上。吉姆·杰弗里斯赶紧跑过去，开始用手挖掘，随着沙土被清理掉，渐渐地露出了一颗牙。这时，一种兴奋的心情代替了疲劳，"我发现了一颗巨大的牙齿，它可能是史前巨鲨的牙齿，有 14 厘米长。简直漂亮极了!"吉姆·杰弗里斯高兴地喊了起来。

后来，吉姆·杰弗里斯又多次到这块古海遗址考察，在不到 260 平方千米的区域内，发现了 30 多种鲨鱼的牙齿，还有鲸骨和其他海洋哺乳动物的化石，并写了大量的考察笔记。

吉姆·杰弗里斯与有关专家密切协作，进行研究巨鲨的工作。巨鲨是所有生存过的鲨鱼中最大的一种。它生活在距今 1000 万 ~ 2000 万年前，现在已经灭绝了。除了吉姆·杰弗里斯发现的这颗 14 厘米长的牙齿外，人们还发现过许多颗巨鲨的牙齿，有的竟长达 17 厘米。由于人们不曾发现这种古老鲨鱼的完整骨架或部分的骨骼化石，只有牙齿是证明巨鲨曾经存在过的唯一证据。因此，巨鲨有多大? 它们的生活习性如何? 仍然是个谜。

但是，人们认为，巨鲨是大白鲨的近亲，研究大白鲨就可以在一定程度上了解巨鲨的一些情况。由于人们对大白鲨也有许多未解之谜，这就给揭示巨鲨之谜带来了更大的困难。

大白鲨

自从发现了那颗巨鲨牙齿以后，吉姆·杰弗里斯便为研究大白鲨而耗费了全部心血。他了解到完全长成的大白鲨可以有 7.6 米长。20 世纪 40 年代中期，在古巴附近海域捕获的一条大白鲨长 6.4 米，重达 3300 千克。大白鲨与巨鲨之间可以进行实物比较的只有牙齿。大白鲨的牙齿仅长 5 厘米～7 厘米多一点，而巨鲨的牙齿长度可达到 17 厘米。科学家们据此进行推算，认为巨鲨的身长可能将近 17 米，比大白鲨要长 10 多米。这真是一种非常可怕的、肉食性的、巨大的海洋动物！

然而，巨鲨与大白鲨牙齿大小的比例，并不能等于它们身长的比例，因此这一推算是否可信还很难说。但目前人们对巨鲨的了解也仅是这么多。吉姆·杰弗里斯在一篇介绍巨鲨牙齿发现情况的文章中写道："我想，大家都在默默地盼望着那么一天，能够发现一把解开这些巨鲨之谜的钥匙。"

海洋巨鳗之谜

100 多年来，世界上一直流传着关于海洋中巨鳗的奇异见闻，这些见闻成了费解的海洋之谜。

1848 年，英国巡洋舰"得达拉斯"号的舰长和水兵，在离南非好望角不远的海面上见到了一条极大的似鳗鱼的大鱼。它露出海面的部分约有 18 米长。舰长在望远镜里一直观察了 20 分钟，直到它消失。这件事后来经过英国海军部仔细查询无误，并且记录在案，成为当时广为传播的海上奇闻之一。

事过一个月后，美国帆船"达纳普"号在同一海域又遇见了这种大鳗鱼。它的眼睛闪闪发光，身体长约 30 米，离船只有 50 米，可以看得很清楚。船长担心受到它的攻击，命令炮手向它开火，但它以极快的速度扎入水中逃走了。

1930 年的一天早晨，一艘名叫"丹纳"号的海洋研究船在南非海岸外航行。船上一位丹麦籍青年从海中捞上来一网鱼虾。打开网，一圈长长的似蛇一样的东西引起了海洋学家布隆的注意。他将那似蛇的东西测量了一下，有 18 米长。他又进一步观察它的特征和头骨的构造，发现这是一条鳗鱼幼体。普通的鳗鱼有 104 节脊椎骨，海鳗为 150 节，而这条奇特的幼鳗竟有 405 节脊椎骨！在已知的海鳗种类中，最大的体长约 4.9 米，而幼体只有 7 厘米 ~ 12 厘米长。如果以此来推算"丹纳"号上捕获的那条幼鳗，它长成后就可能长达 55 米！

令人遗憾的是，人类至今未能捕捉到这种巨鳗的成体。有关它们的秘密，仍隐藏海洋之中。

海豚大脑轮休之谜

海豚

海豚不仅具有聪明的脑子，还天生就是游泳健将。它可以和海船比速度、比耐力，能够一连许多小时、甚至好多天地跟着海船游。据估计，海豚的游速一般可以达到每小时 40 千米 ~50 千米，有时甚至可达每小时 75 千米。这个最高速度超过了轮船，大概与陆地上的普通火车差不多了。

那么海豚为什么能够连着几天不休息地游泳呢？它不需要睡觉吗？确实没有人见过海豚在睡觉，他们总是不停地在游动。然而只要是动物就需要睡眠。研究发现，海豚的睡觉方式与众不同，非常奇特，它采取的是"轮休制"。海豚在需要睡眠的时候，大脑的两个半球处于明显的不同状态，一个大脑半球睡眠时，另一大球半球却是清醒的。每隔十几分钟，两个半球的状态轮换一次，很有规律性。海豚的两个大脑半球是轮流交替着休息和工作的，因而它的身体始终能有意识地运动。有人曾给海豚注射一种大脑麻醉剂，看它能否安静下来，完全睡着。谁知这只海豚从此一睡不醒，丧失了生命。看来海豚是不能像人或其他动物那样静态地睡着的。

为什么海豚的大脑独具这种轮休的功能呢？这个谜直到现在还未解开。

海豚救人之谜

海豚是人类的好朋友，被人们称为见义勇为的"海上救生员"。海豚救人的事件自古以来就有很多传说。近几十年来，有关海豚驱逐鲨鱼、救助海上遇难者的报道，绝不是虚构的，而是非常真实的。

1992年，一艘印尼货轮正在大西洋海面航行，有两名海员不小心掉入海中。这时，一群海豚赶来，它们围成一个圆圈，把落水的一人托出水面，直到被救起为止。另一名船员在水中挣扎时，突然感到腰间被撞了一下，原来也是一只海豚，这只海豚一直陪伴着他，与他并肩游泳，一直游到船边。

海豚救人于死难，这种行为该怎样解释呢？

迷信的人把海豚看做神灵，说它们救人的行为是受神的意志指点的，而有的人认为海豚是一种有着高尚道德品质的动物，海豚救人的美德，来源于海豚对子女的"照料天性"。

难道海豚具有高度的思维能力？看来，这个谜的解开还有待于人们对海豚作进一步的认真研究。黑海东部的著名休养胜地——帕茨密，前几年曾因出现了一头奇特的海豚而声名大振。数以千计的好奇者专程从四面八方赶到那里，以一睹这头海豚的风采为快。当地旅游业的老板因此而发了一笔大财。

这头硕大的海豚，每天上午9点左右开始在海滨露面。它首先习惯地翘起尾巴，好像是向站在岸上的观众和在海中游泳的人们致意。然后，它大大方方地接近游泳的人群，亲昵地挤在人们身旁戏耍。它时而驯服地让小孩子骑在自己背上玩耍，时而同年轻人在水中捉迷藏。这头可爱的海豚使得人们流连忘返。

"这是一头经过训练、特意放出来为游人助兴的海豚吗？"人们经常这样发问。水族馆人员的回答是否定的。他们说，经过训练的海豚只有得到了报酬，也就是赏以食饵以后才肯表演，而这头海豚却完全是心甘情愿地为人"义务服务"，它并没有得到任何食饵。人们还是不解，难道这头海豚有着天生的眷恋人类的性格？

后来，一位渔轮上的水手讲出了实情。他说，这头海豚曾被他们渔轮的螺旋桨击伤，水手们将它救到船上，给它作了精心治疗以后，又把它放回大海。从此以后，这头海豚便一直追随他们的渔轮，难舍难分。当它随这艘渔轮来到帕茨密后，似乎同救命恩人的感情日益加深，因而进一步向人们表示好感。

看来，这头海豚是为了报答救命之恩才同人类亲近的。

对这位水手的说明，人们将信将疑。有的人认为海豚这种动物很"聪明"，智力发达，它们能够同人类产生感情，懂得报救命之恩。但也有人认为海豚毕竟是一种动物，不会有什么思想感情，更不会懂得报救命之恩，那头海豚是把人们当做了它的同类，是表现了同类之间友好相处的一种本能。究竟谁是谁非，至今仍是未解之谜。

海豚护航之谜

前苏联的研究人员阐明了许多有关海豚"语言"的规律性。他们在同海豚的交往中，非常注意研究海豚"语言"的差异性和复杂性。通过绘制海豚"语言"分析图，可以清楚地知道，海豚之间的交往活动在方式上与人类近似，海豚似乎也具有说话能力。

科学家们试图揭开海豚"语言"的密码，但还没有取得成功。目前，一些研究人员仍在不懈地进行探索，以期早日解开这个谜。

乘坐远洋轮船的旅客，常常可以看到许多海豚在航行的轮船周围游来游去，长时间地随轮船一道行进，好像是在跟轮船"赛跑"，又像是为轮船"护航"。

海豚

海豚为什么要这样做呢？这仍然是一个未解之谜，因为海洋生物学家们还没有对这一有趣的现象进行过考察和研究，更没有作出什么科学的结论。但是，也有一些海洋生物学家出于对海豚习性的了解，对这一现象提出了一些推测性的解释。他们认为，海豚所以要这样做，有三条理由：

一条理由是海豚是一种好奇的动物，对水中所有不常见的和较大的物体，不管是游泳者还是船只，都有着极大的兴趣。因此，人们经常可以看到海豚从水面抬起头来，观察周围所发生的情况。遇到了一条大船，它们当然也就跟着凑个热闹和看个究竟了。

另一条理由是为了舒适。轮船在大海航行的时候，船后的海水产生了"伴流"，可以带着海豚前进，游起来省劲、舒适，因而海豚经常跟在航行轮船的后面游乐。

还有一条非常重要的理由，是大量的食物在吸引着海豚。船上乘客们吃剩的东西，倒在海里，海豚可以捡着吃。另外，航行的轮船会招来众多的小鱼和其他生物，它们也是为了游泳省劲和捡食残羹剩饭而来随船航行的，这些小鱼和其他生物正好可供海豚饱餐一顿。

当然，除了这三条理由以外，还可以找出更多的理由，但都只不过是推测而已。海豚随船"护航"的原因，仍是有待揭示的谜。

海豹干尸之谜

在奇妙的自然界这一巨大的博物馆里，有许许多多动物的干尸，海豹的干尸就是其中之一。

海豹的干尸是在著名的海豹之乡——南极洲——发现的。科学家们在那里考察时，发现平均每平方千米竟能见到 144 头各种海豹，整个南极洲的海豹总数估计有 5000 万～7000 万头。所以能在那里见到众多的海豹干尸也是很自然的事了。

然而，令人奇怪的是，众多的海豹干尸不是发掘于海滩中，而是发现在远离海岸大约 60 千米的峡谷里。

海豹

更令人迷惑不解的是，在好几种海豹中，变成干尸的却只有食蟹海豹和威德尔海豹两种，难道是因为它们在此处数量上占绝对优势的缘故吗？抑或还有什么别的原因。考察人员还发现，形成干尸的海豹多数只有 1 米左右，属于幼年海豹，而成年海豹的数量极少，这又是为什么呢？

海豹的干尸如同人的干尸一样，身体形状完整无缺，没有任何腐烂。于是海豹的干尸成因就成为科学工作者最为感兴趣的一个谜，他们进行了仔细的研究和探索，得出了以下三种不同的结论。

——"古海论"。认为远古时代，这些峡谷地区曾是一片海洋，后来由于海面降低，海水退落的时候，这些幼年海豹因未能随着水落逃走，才形成干尸的。然而地理学家却不同意此说，因为他们在这些地区没有发现有古海区地形的遗迹。

——"海啸论"。持这一论点的学者提出，在几百或几千年以前，这些地区曾经发生过大海啸，那些幼小的海豹因体重轻，力气小，才被大海波涛抛进了山谷，慢慢地形成了干尸。

——"迷向论"。持这种观点的科学家认为，海豹具有爬到岩石上晒太阳的习性，这些海豹是在爬上岸晒太阳时迷失了方向，才进入山谷深处而死在那里的。

以上三种观点还仅仅是一种推论，缺少足够的证据，究竟实际情况如何，还有待于进一步探索。

另外，关于海豹干尸形成的确切年代，至今也没能够加以断定。科学家们用碳 14 进行了测定，发现它们已经存在了 1210 年左右，但是当科学家对同种海豹，用同样的年代测定方法进行测定时，也出现了几百年的数值，孰是孰非，还难以断定，望后续的有识之士能尽快揭开这个谜。

活化石海豆芽之谜

当海水退潮，在海边沙滩上经常能找到一种形似黄豆芽的小动物，它就是大名鼎鼎的"活化石"——舌形贝。它是世界上现存生物中最长寿的一个属，至今已有4.5亿年的历史了。

舌形贝体形奇特，上部是椭圆形的贝体，像一颗黄豆，下部是一根可以伸缩的、半透明的肉茎，宛若一根刚长出来的豆芽，所以舌形贝又有"海豆芽"的俗称。

海豆芽有双壳，但却不属于贝类，而被归入腕足类。它的肉茎粗大，能在海底钻孔穴居，肉茎还能在孔穴内自由伸缩。海豆芽大多生活在温带和热

海豆芽

带海域，一般水深不超过 20 米 ~ 30 米。它们赖以栖身的潮间带，是一个波涌浪大、环境变化剧烈、海生物众多的世界，区区海豆芽能跻身于此，是和它们特有的生活方式分不开的。

海豆芽主要栖生在海底，它们一生中绝大部分时间都在洞穴中隐居，仅靠外套膜上方的三根管子与外界接触：呼吸空气，摄取食物。它们非常胆小，只在万无一失时，才小心翼翼地探出头来，一有风吹草动，便十分敏捷地躲进洞中，紧闭双壳，一动不动。海豆芽在不会移动而又无坚固外壳保护的情况下，运用这种穴居方式保存自己，无疑是它们在生存竞争中的一个成功。

世界生物学界普遍认为，一个物种从起源到灭绝，平均生存不到 300 万年；一个属从起源到灭绝，平均生存 800 万 ~ 8000 万年。可是海豆芽却生存了 4.5 亿年！在地球的沧桑之变中，许多庞大而强悍的动物都灭绝了，而小小的海豆芽却生存至今。这种情况在生物史上是极为罕见的。是什么原因造就了生物界这位"老寿星"？除了它的独特的生活方式外，在生理生化方面它们有什么特殊性？至今还是一个谜。

生物界有一个最基本的进化规律，即任何物种都是由其祖型物种，从低级到高级，从简单到复杂演化而来。而海豆芽又是一个例外。它们的形体及生活方式在漫长的历史中，居然没有发生什么显著的变化。因此，近几十年来，欧美一些学者提出，海豆芽显然是违反了进化原则，使这个原则成了问题，向达尔文进化论提出了挑战。目前有一点可以肯定：海豆芽的体形与大小在 4.5 亿年中基本上没有变化。为什么会这样？这又是一个难解的谜。

大多数动物的形体，在进化过程中总是由小变大，大到一定程度后，不能适应变化了的环境，于是渐渐灭亡。而海豆芽经历了 4.5 亿年，一直是那么小，没有变大，这是否也是它们长寿的原因之一呢？由于海豆芽 4.5 亿年没有变大之谜未能揭开，这个问题也就无法回答了。

冰藻防护紫外线之谜

自 1986 年以来，南极上空出现了臭氧洞。为此，世界各国都加强了对臭氧洞的研究。其中一个重要的课题，是研究臭氧洞的紫外线给南极海洋的穿透能力及其对海洋生物的影响：人们知道，强烈的紫外线对地面生物具有明显的杀伤力。在医院和实验室里，人们用紫外灯消毒，以杀死病菌，就是这个道理。在阳光下曝晒，人的皮肤会变黑，也是这个道理。不过，有臭氧覆盖的地区，从阳光来的紫外线通常是比较弱的，不像有臭氧洞那样强烈，否则会产生严重的后果。强烈的紫外线会使人得皮肤癌，这已是不争的事实。紫外线对海洋生物的影响也是非常大的。

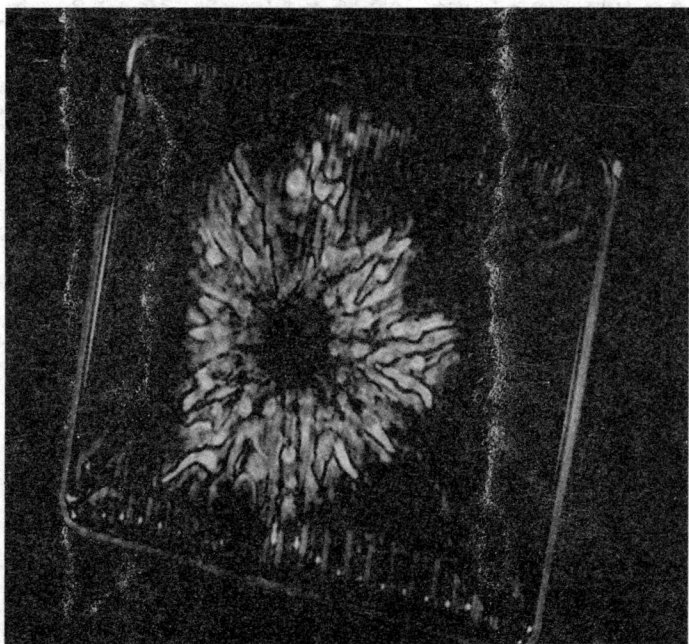

冰藻

实验结果表明，南极臭氧洞能使海洋浮游植物的生产力降低4倍。强烈的紫外光还会影响生物细胞的结构和细胞内的遗传物质，使染色体、脱氧核糖核酸和核糖核酸发生畸变，从而导致植物的遗传病和产生突变体。

令人感兴趣的是，生活在南极海域中的冰藻，却对紫外光有着明显的"自卫"能力，并能对其他海洋生物起"屏蔽"保护作用。

冰藻是栖居于海冰中的一大类海洋浮游植物，主要为硅藻，分布在海冰的底层或中间层。它以独特的生活方式，顽强地生长繁殖，在南极海洋生态系中占有重要地位。然而，冰藻对紫外光的吸收和"屏蔽"作用，过去无人知晓。芬兰科学家首次发现了冰藻对紫外线辐射的"自卫"能力。研究结果表明，冰藻的吸收光谱与一般浮游植物不同，冰藻在波长330纳米处的紫外光吸收峰比一般浮游植物高，冰藻还能吸收波长270纳米的紫外光。这两种波长的紫外光正是臭氧洞中透过的紫外线的波长范围之一。冰藻的这种特异功能十分重要，不但能"自卫"，而且能起"屏蔽"作用，使紫外光不能穿透海冰，从而保护了冰下海水中的海洋生物。

冰藻"自卫"功能的机理涉及防紫外线的酶类，可能是氧化酶和催化酶类。其确切机制，有待揭示。

令人奇怪的是，冰藻也是海洋浮游植物，它只不过是在海冰中生活了一段时间而已，它能有这种防护紫外线的"自卫"能力，而海水中的一般浮游植物却没有这种能力，这是什么缘故？是否冰藻的生理生化功能发生了深刻的变化？总之，这是一个待解之谜。

"海底人"之谜

海底有"人"吗？当代有些科学家认为，在海洋深处的某些地方可能生活着一些智力高度发达的生命体——"海底人"。

近几十年来，地球各大洋水域都曾出现过不明潜水物，它们为"海底人"的假想提供了线索。

最早发现不明潜水物是在 1902 年。一艘英国货船在非洲西岸的几内亚海域发现了一个巨大的浮动怪物，外形很像一艘宇宙飞船，直径 10 米，长 70 米。当船员们试图靠近它时，这一怪物竟不声不响地沉入水下销声匿迹了。

1963 年，在波多黎各岛东南部的海水下发现了一个不明潜水物，美国海军先后派了一艘驱逐舰和一艘潜水艇追赶此物，他们在百慕大三角区追赶了 500 海里，美国其他 13 个海军机构也看到了这个怪物。人们发现，这个怪物只有一个螺旋桨。他们前后一共追赶了 4 天，仍未追到。有时候，它能钻到水下 8000 米深处，看来它不像是地球人制造的一种新式武器。

北大西洋公约组织于 1973 年在大西洋上举行联合军事演习时，有艘主力舰发现了不明潜水物。当时，这个半浮海面的巨大物体，被舰队指挥官当成是不明国籍的间谍潜艇，于是一声令下，炮弹、鱼雷纷纷向它飞来。但不明潜水物毫无损伤，当它悄悄地下潜海底时，整个舰队的所有无线电通信设备统统失灵。直到 10 分钟后那个不明潜水物完全匿迹时，舰队的无线电通信联系才恢复正常。

1973 年 4 月，一个名叫丹·德尔莫尼奥的船长，在百慕大三角区附近的斯特里姆湾的明澈的海水里，看到了一个形如两头圆粗的大雪茄烟似的怪物，它长约 40 米~60 米，行速 60 海里~70 海里。它两次都是在下午 4 点左右出现在比未尼岛北部和迈阿密之间，并且都是在风平浪静的时刻。这位船长非常害怕船与它相撞，竭力想躲开，可是往往是它先主动地消失在船体的龙骨下。

1959年2月，在波兰的格丁尼亚港发生了一件怪事。在这里执行任务的一些人，忽然发现海边有一个人。他疲惫不堪，拖着沉重的步履在沙滩上挪动。人们立即把他送进格丁尼亚大学的医院内。他穿着一件"制服"般的东西，脸部和头发好像被火燎过。医生把他单独安排在一个病房内，进行检查。人们立即发现很难解开此病人的衣服，因为它不是用一般呢子、棉布之类东西缝制的，而是用金属做的。衣服上没有开口处，非得用特殊工具，使大劲才能切开。体检的结果，使医生大吃一惊：此人的手指和脚趾数都与众不同；此外，他的血液循环系统和器官也极不平常。正当人们要作进一步研究时，他忽然神秘地失踪了。在此以前，他一直活在那个医院内。

这是一个什么人？他来自何方？

有的科学家认为，是外来文明匿身于海底，因为那种超级潜水物体所显示的异乎寻常的能力，实在是地球人所不可企及的。海洋是地球的命脉，因此存在于地球本土之外的某些文明力量关注于我们人类的海洋是必然的。超级潜水物也许已经拥有它们的海底基地；至于它们的活动当然不是为了和地球人搞"捉迷藏"游戏。海洋便利于隐藏或者说潜伏，这固然是事实；但更主要的，海洋能够提供生态情报，这已经足够了。如果说未来的某个时候发现了并不属于地球人的海底活动场所，那么这该是不足为奇的事情了。因为人们毕竟早已猜测到了外来文明力量存在于地球水域中的事实。

也有的研究者认为：不明潜水物的主人来自地球，不过他们生活在水下，甚至生活在地下。

据说，1968年1月，美国TC石油公司的勘探队在土耳其西部270米的地下，发现了深邃的穴道。穴道高约4米~5米，洞壁非常光滑，如人工打磨一般。穴道向前不知延伸至何处，左右又连接着无数的穴道，宛如一个地下迷宫。在其中一处，有一个身高4米的白色巨人，忽然无声无息地出现在勘探队员面前。巨人在手电光下闪闪发亮，并发出雷鸣般的吼声，其声浪竟然掀倒了所有的勘测队员。如果此事确凿，那巨人当是生活在地下的高级生物了。

海怪之谜

没有人见过海怪，但有关海怪的耸人听闻的报道却不时出现在报纸杂志上，偶尔还附有插图。这种神秘的生物似乎不喜欢让人拍照，所以它的照片总是模糊不清的。

海上怪物的传说在报刊上时有登载。早在19世纪末，法国探险家凯埃尔就曾报导过。

"1897年6月，'阿法拉什号'炮舰在阿洛海湾遇上两条大蛇，蛇长约20米，粗2米~3米，炮舰驶到600米处开炮，大蛇钻入水中。1899年2月15日，该舰在同一地点又遇上这两条大蛇，炮舰向蛇全速冲去，在距离300米处开炮，未击中，其中钻进水中的一条蛇反而从舰尾钻出，可以想象船上人员当时的惊恐状况。九天后，同舰又遇上这两条大蛇，又一次落空。"

荷兰学者奥德曼萨一直收集海上怪物的材料，据他统计，大海蛇最早出现于1522年，在以后的300年中，平均每十年就被人遇上一次。1802年，出现过28次。在1802年~1890年间，海上怪物共出现了134次。尽管出现的次数不少，但没有人能拍下一张照片。

怪物历来拒绝摆开架势让人拍照，那就只能根据瞬息间的观察（而且往往不是目击者本人的观察资料）来描述其外形了。例如1926年某天夜里，马达加斯加海岸附近发现过海怪。法国学者让·普蒂在他所著的《马达加斯加的渔业》一书里提到过此事，说海怪发出明亮而游移不定的光，时明时暗。这种可同海上探照灯相比的光，似乎是由沿着自体轴心旋转的身体发射的。据当地居民说，这种动物很少出现。它长20米~25米，躯干宽而平（这就是说，此处指的已不是蛇），全身披着一层坚硬的板状甲壳。尾巴像虾尾，嘴长在腹部。怪物露出海面时，头部发光并喷射火焰。有无前后肢的问题，当地

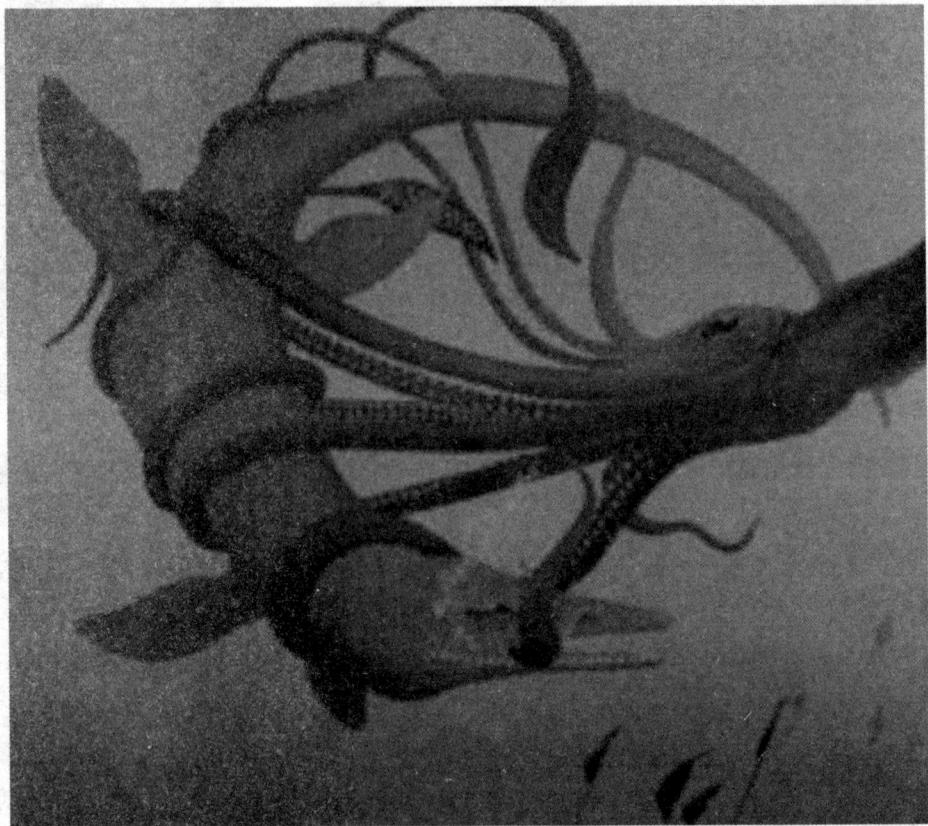

奇特的"还怪"

居民的看法并不一致：一部分人断定"海怪"无脚，另一部人则认为有，说它的脚像鲸的鳍脚一样。

20世纪30年代至50年代之间，美国俄勒冈州的海面，常有很大的海怪出现，人们称它为"劳克德"。机帆船"阿戈号"上的船长比尔是目击者之一，他所见到的"劳克德"头像骆驼，皮毛粗糙，外表呈灰色，眼神呆滞，鼻子长而弯曲，用灵巧的鼻子将"阿戈"号船已捕捉住的大比目鱼，从水下的渔钩上取去，并像大象一样把偷来的大比目鱼送入口中，然后津津有味地吞下去，摇摇尾巴扬长而去。

1951年，一名叫做哈德·迈克逊的渔民在加拿大不列颠哥伦比亚省的赫里奥特湾捕鱼。当他正准备向海里撒网时，突然发现离他的渔船50米远处，有一头长约 12 米的灰色怪物露出海面。它整个背长满长长的刺鳍，样子极为怪异。据这位目击渔民回忆说，当这头怪物发现前面有人时，立即掉转头去，它的游速极快，转眼间便游过了海湾。

1961 年，在美国华盛顿州邓奇纳斯岬，一位名叫赫特兰的建筑工程师带着家人在海滨散步，他们看到一头怪物，身体呈棕色，并布满耀眼的橙色状花纹，脖子粗，身上有三个类似于驼峰的东西和飘动的长鬃。

18 世纪初，有一艘 150 吨的大型帆船"贝尔号"为躲避风暴，开进了印度度旁遮普湾。后来，它忽然失踪了，不知去向。港口当局立即派人进行调查。

此后，收到"斯特拉纳温号"船长的报告。报告说，在失踪的这天，"贝尔号"帆船曾在"斯特拉纳温号"船附近抛锚。这天傍晚，"斯特拉纳温号"船员们发现，海面上突然出现一头巨大的海怪，伸出又粗又长的腕足，紧紧地缠住"贝尔号"帆船。此后，船翻了，沉入海底，船员全部丧生。可是没有发现他们的尸体，估计是被这头海怪给吞食了。

后来，在世界其他的一些海区，也发生过类似的事件。海怪不仅袭击小型船只，而且也袭击大型船只。这些海怪一般身躯庞大，颇像一座小山，样子有些像鲸鱼，但是长着许多腕足和触角，腕足很软，很长，但是很有力量。

目前，在世界各大洋深处，确实生活着一种巨型章鱼，但它似乎还不具备"海怪"的威力。海洋对于人类来说，还有待于进一步的认识，因此，揭开海怪之谜还需要时间。

但海怪则是无人可以保护的。因此其数量每种至少应有几千条。它们既然是蛇，是蛇颈龙，是其他爬行类动物或大海豹，那它们就必然要周期性地浮出水面来呼吸。可是为何如此罕见？它们死后尸体到哪里去了？为什么直到如今，大海从未显露出一具这类动物的骸骨？

鲸群撞沉帆船之谜

　　英国人戴维·塞林斯有着多年的航海经历。他曾两次单人驾驶帆船横渡大西洋。1988年6月11日，塞林斯驾驶着"海卡普号"帆船，在波涛汹涌的大西洋海面上行进。他决心在这场六天前开始的"卡尔斯堡单人帆船越洋大赛"中获胜。他已驶离英国700海里。他调整好自动舵，以便准确地驶往2300海里外的美国罗得岛的比赛终点。

　　下午5时左右，塞林斯在右舷9米处以外看到了一群鲸，约有十多条。这天晚上，他感觉到这群鲸仍在帆船附近活动。

　　第二天，海上风平浪静，但鲸群掀起的涌浪使帆船剧烈摇摆，而且鲸的数量也增多了。夜晚，一阵杂乱的声音惊醒了塞林斯。他爬上甲板，只见一

鲸群

条鲸在离帆船二三米的海面上上下翻滚，溅起阵阵浪花。另外的五六条鲸也围着帆船转圈子，它们先是越聚越紧，然后又突然散开，过了好久才离去。

6月13日上午10时，在距帆船46米处，鲸群又在活动。站在甲板上可以清楚地看到鲸群那一个个发亮的巨大身躯。它们在海面上翻滚，时而下沉，时而上浮，呼呼地向天空喷着水花。塞林斯拿起照相机，拍摄这个奇异的场面。忽然，鲸群向帆船围拢过来，越围越紧。塞林斯放下手中的照相机，紧张地注视着它们。这时，一条约8米长的鲸突然冲出鲸群，猛地向船尾撞来，紧接着，另一条鲸也撞了过来。帆船被撞得猛烈地抖动着，船尾1米长的船舵被撞断，船尾下部被撞碎，"海卡普号"开始下沉。塞林斯马上下到船舱，穿好救生衣，打开无线电话，发出了遇险信号。

"咚，咚！"船首又发出几次巨大的撞击声，小船朝一侧猛地倾斜，桅杆前部舱底被撞开一个大洞，海水涌进船舱。塞林斯将充气救生筏抛出船外。随着跳进大海。救生筏充气张开了，他爬了上去，回头一看，"海卡普号"已消失在滚滚波涛之中。此时，鲸群也开始散去。塞林斯坐在救生筏上，呆呆地望着海面，他简直不敢相信眼前所发生的一切。晚上7时50分，在附近航行的德国货船"布里奇沃特号"将塞林斯营救上船，一场使他终生难忘的噩梦终于结束了。

事后，科学家们对这次鲸群攻击帆船事件进行了分析和推测。有的人说，塞林斯无意中驶进了鲸的繁殖区，鲸攻击帆船是为了保护它们的幼仔。英国剑桥大学海洋哺乳动物研究所高级研究员安东尼·马丁认为，可能是一群凶残的逆戟鲸，袭击正在帆船周围避难的性情温柔、身体较小的巨头鲸，从而造成了这次海难事件。学者们的说法不一，鲸群为什么要撞沉"海卡普号"帆船，仍然是一个未解之谜。

大王乌贼之谜

　　大王乌贼是一种巨大的头足类动物，也是自然界中最大的无脊椎动物。可是，在100多年前，人们并不知道大海中生活着这种动物，只是在古老的传说中听到过"大海妖"（很可能就是大王乌贼）的故事。

　　1873年的一天，加拿大纽芬兰岛上三个出海捕鲱鱼的渔民（两个大人和一个12岁的男孩）发现海面上有一个灰蒙蒙的庞然大物。出于好奇，他们把小船划了过去，一个渔民用船篙敲打着那个灰东西，不料那庞然大物立即喷出水花，抬起头来，一双和盘子一样大的眼睛直瞪瞪地盯着三个渔民，它那几只长长的触手伸展开来，露出一个鹦鹉状的大嘴，咔嚓一声，小船的船帮被它狠狠地咬住了，与此同时，两只又长又白的触手拍打过来，把小船紧紧缠住，慢慢地往水下拖。这时，小船上的两个渔民都吓得瘫痪了，而那个小渔民汤姆·皮克托却很镇定，他抄起一把利斧向触手砍去，两只触手很快被砍断了。受了伤的庞然大物向空中喷出了大量墨汁状物顷，然后逃掉了。留在小船中的两只被砍下来的触手，仍在不停地扭动。渔民们从恐怖中惊醒过来，发疯一般地把小船划回了岸边。

　　渔民们谁也说不清这是什么东西。聪明的汤姆·皮克托把两只断触手送给了纽芬兰岛上的牧师莫斯·海威。海威牧师看到皮克托的礼物以后，欣喜若狂，他知道，这是一个非常难得的标本，近6米长的长圆形触手上布满了吸盘。海威牧师是一位见多识广的博物学家，他根据渔民们的描述，估计这可能是一个乌贼的新种。海威牧师对这种乌贼发生了极大的兴趣，从此以后，他就格外地注意收集这种动物的标本了。在19世纪70年代的最后几年，也就是纽芬兰岛三位渔民第一次发现大王乌贼以后几年，纽芬兰附近海域不时出现大王乌贼。海威牧师在此收集了不少标本，其中有一个几乎是完整的，它落到了渔民的渔网里，渔民们刺死了它。海威得到这个大王乌贼以后，马上把它浸到盐水里，并拍了照片。他知道自己的生物专业知识有限，于是将所有标本都送给了当时世界著名的生物学家、美国耶鲁大学教授维尔。维尔教授仔细地鉴定了海威的每一个标本，并给标本起了"大王乌贼"这个名字。从此，人类开始了对大王乌贼的研究。

但是，迄今为止，现代的生物学家对大王乌贼的研究并不比 100 多年前的维尔教授高明多少，大王乌贼的形状大小、分布和生活习性等仍是一个未解之谜，主要原因是大王乌贼行踪不定，数量很少，很难发现和捕捉到。首先，人们对大王乌贼到底能长到多大，谁也说不清。据记载，人们曾在一头抹香鲸的胃中取出一只大王乌贼，它从触角顶端到身体尾部足有 20 米长。另外，在新西兰海岸曾发现一只死大王乌贼，总长有 17 米，而除去触手身长只有 2 米多。据现在的一些生物界权威人士推测，大王乌贼最大的个体可能有 21 米长，两吨重。至于有的书中记载大王乌贼最重者可达 30 吨，这个数字也是推测出来的，无法加以证实。

100 多年来，科学家们为寻找和捕捉大王乌贼费尽了苦心，做了多种尝试。他们曾在新西兰附近海中设置了一个很大的捕猎陷阱，但一无所获；著名的海洋学家阿尔文曾建议用潜水艇来寻找大王乌贼，这个计划也失败了。纽芬兰圣约翰大学的阿尔德雷斯教授，热心于对大王乌贼的研究，他计划捉一只活的大王乌贼，为此特制了一个大钓钩，并涂上了红色，因为当地渔民认为红颜色对大王乌贼有吸引力。当地渔民平时是决不用红色钓钩的，因为怕引来大王乌贼，给小渔船带来灾祸。可是，多少年过去了，阿尔德雷斯教授捕捉大王乌贼的计划一直未能取得成功。

有些科学家建议通过大王乌贼的死对头——抹香鲸——的踪迹来寻找大王乌贼。他们设想在抹香鲸洄游路线上设置若干个浮标，浮标上装有灯光或诱惑物，以及定时的自动抛饵装置，以吸引抹香鲸，而抹香鲸的行迹又可能招引大王乌贼的靠近，浮标上还装有自动摄影装置，它可以拍摄大王乌贼的活动，甚至可以把大王乌贼和抹香鲸这两个自然界的巨大动物生死搏斗的场面记录下来。如果这一设想能够实现，将会大大有助于解开大王乌贼之谜。

海龟洄游之谜

　　海龟是一种大型的海洋爬行动物。远在 2 亿多年前，海龟的祖先就出现在地球上，和当时不可一世的恐龙一同经历了一个繁衍昌盛的时期。后来，地球几经沧桑之变，恐龙相继灭绝，海龟却凭借它那坚硬的甲壳和顽强的生命力保存了下来，成为今天珍贵的海洋动物。

　　海龟和陆地上的乌龟本是一家，最早也是生活在陆地上，后来才迁到大海里生活。下海以后，海龟的身体结构逐渐起了变化，脚变成鳍状，四肢像船桨，在海中游泳的速度很快，达 32 千米每小时；可下潜到水下 20 米 ~ 30 米，甚至可潜到 50 米深处。海龟用肺呼吸，因此每下潜十来分钟就要到海面

海龟

换一次气。海龟的颈比较短，也不能像陆生龟那样把脖颈缩进龟壳里面去。海龟眼窝后面有一种腺体，能把体内多余的盐分排出。

海龟生活在热带、亚热带海洋里，以鱼、虾、蟹、贝、海藻为食。海龟虽然生活在海洋中，但仍保持着祖先传下来的在陆地上产卵孵化的习性。每年到了生殖季节，海龟漂洋过海，洄游数千千米，回到它们出生的故土。雌海龟爬到岸上，用后肢在沙滩上挖一个坑，把卵产到坑里。卵为白色，圆形，比乒乓球稍大一点。卵壳坚韧有弹性，不易破碎。海龟每次产卵 50 枚 ~ 200 枚。产完卵，用后肢拨沙把卵埋住，把坑填平，然后回到海中。埋在沙坑里的卵借助太阳光的热量进行孵化，大约经过 40 天 ~ 70 天，小海龟破壳而出，拼命地钻出沙坑，朝着大海急急忙忙地爬去。小海龟在海洋里发育成长，到性成熟以后，又会循着一定的路线千里迢迢地返回故乡，产卵繁殖。

在茫茫大海中，海龟能够准确地返回故乡，它们是怎样导航的呢？

为了回答这个问题，科学家们进行了长期研究。有些科学家从候鸟和鱼类洄游中获得启迪，认为海龟是利用不分昼夜始终保持恒定的地球磁场进行导航。他们为此制作了一些装置，用小海龟进行感知地磁能力的实验。

有些科学家认为，海龟是利用星空导航来识别回老家的道路的。他们在海龟身上装了发报机和天线，利用遥控技术进行研究。

还有一些科学家认为，海龟对极稀薄的有机化合物的气味特别敏感，它们的老家（如某个小海岛）也确实有一种与别处不同的气味。小海龟奔入海洋的时候，已经记住了小海岛的气味，它们就是靠气味来辨认方向，返回故乡的，他们也为此用绿海龟进行了试验。

但是，迄今为止，海龟这种有规律地定向游动的机制，仍然是一个没有解开的谜。海洋生物学家们仍在满怀信心地进行试验，以彻底地揭示这个自然之谜。到那时，人们将可以采取措施，把海龟引导到自然保护区的海滩上去产卵繁殖，那将是拯救海龟这种濒临灭绝物种的新方法。

乌贼发光之谜

黑沉沉的夜，千百万只闪着光的"生物火箭"在海面上掠过，像一片磷火，飘荡闪烁。这是深海乌贼借着夜色浮上了海面。有幸得以目睹这种乌贼发光景象的科学家们，无一不用赞叹的口气来描绘这一海上奇观。

1834年，法国博物学家韦拉尼首先发现了深海乌贼身上有200个发光点，其中有的较大的发光点直径达到75毫米，真像一个个小探照灯。这些奇异的发光点放出华美的光彩，使人们惊叹不已。

1954年，法国潜水专家库斯托乘深潜器潜入2100米的海洋深处，他从观察窗里看到了深海乌贼发射"焰火"的情景。一只长约45厘米的深海乌贼喷

乌贼

射出一滴滴明亮闪光的液体，水中顿时出现了一串串灿烂的蓝绿色光点，闪烁的光点慢慢散开，变成一片发光的火焰，在黑暗的深海里辉耀了好几分钟。

深海乌贼的长臂上长着一些较大的发光点。这些发光点在体前摇晃着，好像一盏盏灯笼。这种发光器官的工作效率极高，发出的光有80%～90%是由短波光组成，热射线只占百分之几。而我们日常用的电灯光源——白炽灯只能把能量的4%转变为光，其余都变成热能而浪费掉了；霓虹灯的效率稍高，但也只有10%的能量转化为光。比较起来，深海乌贼的光源实在是一种高效率的冷光源，它将启示人类，去寻找和创造更为理想的光源。

美国生物学家卡尔·秦教授研究过一种外号叫"怪灯"的深海乌贼，它是从南大西洋1200米深处捉来的。这只深海乌贼身上共有24个较大的发光器官：两只长臂上各有两个，两眼下面各有5个，还有10个对称地排列在身体的下边。秦教授说："其他深海动物显出的一切奇异色彩，都远远比不上深海乌贼的这些发光器官的颜色。你看，它的头部五光十色，仿佛戴了顶宝石镶成的王冠，眼睛周围发出绀青色的光，身体两边闪耀着珍珠的清辉，肚子下面放出红宝石的光华，背上呈现雪白莹亮的光泽。深海乌贼的发光体真是一种奇迹！"

深海乌贼的发光机制极为复杂，生物学家们认为，这是由一种特殊的发光细菌引起的。深海乌贼卵在发育阶段受到祖传下来的发光细菌的感染，发光细菌和深海乌贼一起生长。这样世代相传，发光细菌也得到永生，它们沿着微细管进入具有氧气等优越条件的发光器中放出光焰。如果含发光细菌的黏液被喷到海水中，遇氧发生化学反应，也会产生绚丽的光彩。

深海乌贼为什么要发光呢？也许是用来吓唬天敌的，也许是为了吸引异性或纠集同类，或是猎取食物时用来照明的。这仍是令海洋生物学家们迷惑不解的自然之谜。

海鸟导航之谜

　　飞机在无垠的天空中飞行，没有导航仪器是不可想象的事。几十年来，有大量飞机因导航仪器失灵而遇难，许多飞行人员和旅客为此而丧生。为了解决飞机导航问题，减少空难事故，世界各国不惜耗费巨资来研制各种精密仪器。然而，在海洋上定期迁徙的海鸟，却天生具备准确导航的本领，它们长途飞行千万里，总能够准确无误地到达目的地。像北极燕鸥，每隔两年就要进行一次从北极到南极的长途飞行，若没有高超的导航本领，是无法飞越这漫长的旅途的。那么，这些海鸟在无边无际的大海上空飞行，是靠什么来导航的呢?

　　这是一个还没有完全揭开的自然之谜。人们为此进行了长期的观察和研究。有人将出生在英国斯克科尔姆岛的曼克斯海鸥分别送到欧洲大陆各个地方释放，结果发现，当天气晴朗的时候，这些被释放的海鸥都不约而同地朝着它们的出生地飞去。

　　有一只海鸥是由水路经大西洋，过直布罗陀海峡，再经地中海送往意大利的威尼斯，然后再释放的，可这只海鸥竟没有从原路返回，而是选择了一条近得多的陆路直飞斯克科尔姆岛。它飞越阿尔卑斯山，横穿法国和英吉利海峡，行程1700多千米，历时10天，顺利地回到了自己的出生地。还有人将一些信天翁从它们的栖居地带往遥远的他乡，这些信天翁一旦获释，便以惊人的速度返回故乡，绝不会找不到返乡之路，其中有一只信天翁只用了10天时间就飞完了5800多千米的路程，准确快捷地回到家。

　　有些海鸟在旅途中是昼夜兼程。人们在这些海鸟身上系上小灯泡，以观察它们在夜间飞行的情况，结果发现，在月朗星稀的夜里，它们总是毫不犹豫地直接朝着故乡的方向飞去；而当天空阴云密布的时候，情况就不同了，许多海鸟显得惶惑不安，不知所向，毫无目的地盘旋和起降，直到天气晴朗，才又坚定地朝故乡飞去。根据这些现象，人们开始猜测，海鸟很有可能是依靠星象来导航的。

为了证实这一点，科学家们设计了一个可以由人工控制的人造"星空"，将捕到的海鸟置于其中。果然，海鸟就像在自然环境里一样，准确地调整了自己的飞行方向。尤其当"星空"出现与其出生地相应的景象时，它们更显得异常兴奋，表现出跃跃欲飞的架势。这个试验证实了海鸟是根据星象来进行定位和导向的推测。

但是，海鸟为什么会有这种特殊的生理机能呢？科学家们仍然不能确切地回答这个问题。目前有两种假设。一种假设认为，光照周期可能是其中的关键因素，所有海鸟体内都有生物钟，这些生物钟始终保持着与它们出生地或摄食地相同的太阳节律。另一种假设则认为，海鸟高超的导航本领，是由于它们高度发达的眼睛能够测量出太阳的地平经度，这两种假设都还没有结论，仍在进一步探索之中。

现在还有一种理论认为，鸟类的迁徙习性是由史前时期觅食的困难造成的。为了寻找食物，鸟类不得不进行周期性的长途旅行。这样年复一年，世世代代，经过漫长的演化过程，各种迁徙习性被记录在它们的基因遗传密码上，然后通过核糖核酸分子一代一代传了下来。像那些很早就被它们父母抛弃了的幼鸟，在没有成鸟带领、也没有任何迁徙经验的情况下，竟能成功地飞行几千里，抵达它们从未到过的冬季摄食地。看来，对于鸟这种内在的迁徙本领，只能用遗传密码来作解释。

另外，人们知道，在星象导航中，最重要的条件莫过星星的位置了。然而，天体却并不是永恒不变的，像我们地球所属的太阳系里就有许多昼夜运行着的行星。那些利用星象导航的海鸟为什么不会被这些明亮的运动着的行星所迷惑呢？鸟类的遗传密码又是如何补偿行星的逐年变化的呢？这又是至今人们尚未揭示的奥秘。

在研究中，人们还发现，海鸟除了利用星象导航以外，它们的红外敏感性、对地球磁场的反应以及它们的嗅觉和回声定位系统，可能也在导航中起了作用。但对于海鸟的这几种导航的机制，人们也还没有完全搞清楚。

动物 "里" 之谜

"里" 是新几内亚新爱尔兰岛上的巴洛克部落对一种似人的海洋动物的称呼。这种动物有与人相似的头和躯干，但没有脚，尾部呈钩形，叫声也与人相似。在巴洛克部落中，许多人都见到过 "里"，有的人还抓到过 "里"。

1983 年 6 月，美国《潜动物学》杂志主编理查德·格林威尔、人类学家罗伊·瓦格纳、地理学家盖尔·雷蒙特三人，出发去新几内亚的新爱尔兰岛，对 "里" 进行了一次实地考察。以下是发表在《潜动物学》杂志上的格林威尔写的关于考察 "里" 的一篇文章的摘录：

到达新爱尔兰岛，我们马上去巴洛克部落的村庄里访问。我们所遇到的巴洛克人都坚持说 "里" 是肯定存在的。后来，我们在拉玛特海湾观察了两三个星期，但没有看到 "里"。有人建议我们到诺工湾去，说那里的村民每天都能在海面上见到 "里"。

我们朝南走了 80 千米路，到达了诺工湾。诺工湾约有 460 米宽，两边都是高耸的岩石，海水呈青绿色，海滩上零零落落有几座茅草小屋。

我们询问当地人有关 "里" 的事情。他们回答说不知道。后来我们才弄清楚了，居住在诺工湾的是苏苏拉加族人，在他们的语言中，这种动物叫 "伊尔卡"。他们对 "伊尔卡" 的描述与巴洛克人对 "里" 的描述完全相同：与人相似的两个手臂长在身体两侧，两只眼睛在头部前方，嘴小而突出，下半身与鱼相似，没有鳞，皮肤很光滑。

从这些描述来看，这是一种哺乳动物。也许这不过是儒艮，我知道有一种儒艮就生活在澳大利亚和新几内亚一带海域。奇怪的是，当地人都知道儒艮是另一种动物，不是 "里" 或 "伊尔卡"。在苏苏拉加族人的语言中，儒艮叫做 "内拉西"。

　　7月5日，我们一清早就出发了。因为据当地人说，清晨和黄昏常可见到这种动物。太阳刚露面，我和瓦格纳就到了诺工湾边的崖石上，雷蒙特留在村庄附近观察。

　　突然，海滩上有一群孩子向我们招手。我们赶紧飞奔到那里，原来他们正在观看一头"伊尔卡"！我朝海面望去，只见一个黑色的、光滑而又细长的动物曲线状地跃出水面，然后又钻入水下，露出水面的时间只有约两秒钟。我没有看到它的头、肢体或脊鳍，但看到它能轻易地朝背后弯曲，这是我所知道的任何海洋哺乳动物所办不到的。

　　10分钟后，它又出现了，以后每过10分钟它就露出海面一两秒钟。后来，它露面的时间间隔越来越短，很明显，它已发现我们了。有一次，我看到了它的美丽的钩状尾巴。瓦格纳赶紧按下照相机的快门，但由于海面波浪滔滔，距离也远，所拍的照片很不清楚。我们离那怪物15米时，它不见了。

　　回到村庄后，我们才知道雷蒙特比我们先看到"里"。我们在崖石上时，他已观察了"里"20分钟。他说那是一个细长的、浅棕色的动物，没有背鳍，在水中游得很快，像鱼雷。

　　以后的几天中，我们整天在海湾水面观察，但再也没有机会能那么近、那么长时间看到"里"。我们在海滩和崖石之间布设了一张大网，捕到不少鱼，但没有捕到"里"。

　　返回美国后，我走访了夏威夷海洋研究所。在那里，我把各种海洋哺乳动物与"里"进行比较，但没找到相似的动物。只有两种海豚是没有背鳍的，但它们的习性和行为与"里"相差很大。至于海豹，那个地区根本没有。儒艮倒是有可能，但儒艮在水下只能呆1分钟左右，而"里"每隔10分钟才到海面呼吸。再说儒艮游得很慢，而且只吃素食，它在水面时身体并不弯曲，而"里"几乎能成直角状在水面垂直站立。

　　我请教了不少海洋生物学家，但至今没人能肯定我们看到的究竟是什么。也许我们发现了一种新的海洋哺乳动物，也许"里"才是传说中的美人鱼？我相信，总有一天，"里"的秘密会被揭开。

鹦鹉螺之谜

鹦鹉螺是生活在海底的头足纲软体动物。它的壳很大，灰白色的壳表面有许多橙红或褐色的花纹，壳内面有极美丽的珍珠光泽。它有数十条丝状触手，白天潜伏海底，夜间群游海中。肉可供食用，壳可做装饰品或制作器物等。

在古生物学和天文学研究领域，鹦鹉螺可说是大名鼎鼎。这是由于一种大胆而新奇的理论——可以从鹦鹉螺的化石中得知月球的发展史所引发的结果。提出这种理论的是德国古生物学家卡恩和美国天文学家庞比亚。卡恩研究鹦鹉螺的生长史，庞比亚研究月球发展史。月球和鹦鹉螺这两种东西，一个在天上，一个在海底，相距十万八千里，可说是风马牛不相及。可是，两位探索者就在这两种毫不相干的东西之间，发现了一种料想不到的联系。

你只要取一个鹦鹉螺来观察，就可以看到螺壳内分隔成许多小室。最末的一个小室是它居住的地方，称为"住室"；其余的小室可贮存空气，叫做"气室"。鹦鹉螺在慢慢地成长着，小室的数目也在不断增加。每个新小室筑成后，鹦鹉螺就抽出海水充入空气。它通过调节室内的水分使身体在海里浮沉。小室与小室之间有隔板隔开。小室的壁上有一条条清晰的环纹，这就是它的生长线。

鹦鹉螺

卡恩考察过不少鹦鹉螺，发现它们尽管种类不同，但只要是生活的地质年代相同，那么每个小室壁上的生长线的条数就都一样少。拿现代鹦鹉螺来说吧，平均每个小室壁上都有30条生长线，这个数字刚好与当前月亮绕地球一周（即太阴月）的天数相符合。卡恩马上意识到，是不是这种海螺的螺壳每天产生出一条生长线，而每个太阴月又形成一个小室呢？假如是这样的话，那鹦鹉螺的化石一定记录了古太阴月时间的长短，而至今尚不清楚的月球逐渐远离地球的历史也就能从中得知了。

为了证实这个设想，卡恩把多年来从各地收集到手的鹦鹉螺都逐一进行了仔细的研究。这些鹦鹉螺从4.2亿年前的化石到今天的活体都有。有趣的是，它们生长的地质年代越古老，每个小室壁上的生长线的条数就越少。例如，6950万年前的鹦鹉螺每个小室壁上有22条生长线，而3.26亿年前的鹦鹉螺化石每个小室壁上只有15条生长线。如果按照鹦鹉螺每天产生出一条生长线的假设来计算，那么6950万年前每一个太阴月的时间可能是22天，而3.26亿年前则是15天。使卡恩感到鼓舞的是，这个推断与天文学家庞比亚发现的月球过去离地球较近，因而绕地球公转一周所需时日较少的情况是一致的。这也就是说，在鹦鹉螺壳的小室里，记录着月亮在亿万年漫长岁月里的变化，说明月亮原来离地球是比较近的，那时月亮绕地球一周只需15天，后来它越转越远了，绕地球一周需22天，而现在月亮绕地球一周约需30天，将来还会不断地远下去。

但是，这是否就是揭示月球发展史奥秘的钥匙呢？目前还缺乏更有力的证据，例如鹦鹉螺究竟是不是每天产生出一条生长线，是不是每30天形成一个小室？现在还无法从实验研究中加以切实证明。另外，使人遗憾的是，过去曾经分布较广的鹦鹉螺，如今只剩下生存在西南太平洋洋底的几个极少品种了，因而要完全揭开鹦鹉螺之谜也就更加困难了。

海狮和海豹吞石之谜

海狮和海豹都是生活在海洋中的兽类，它们的前后肢变成鳍状，以鱼类、头足类、甲壳类和贝类等为食。

在对海洋兽类的研究中，动物学家发现海狮和海豹都有吞石的习性。它们吞食那些光滑的小鹅卵石，有时也吞食像高尔夫球大小的海滩石。人们曾在一头海狮的胃里发现约有 11 千克重的石头。海狮和海豹为什么要吞食石头？人们的说法不一。

猎捕海狮和海豹的人们长期以来一直认为，海狮和海豹吃石头的目的是调节体内的平衡。石头的重量，可降低海狮和海豹体内脂肪的浮性。不过，大多数科学家不同意这种意见。他们认为，海狮和海豹胃里的石头，如同鸟类嗉囊里的用以磨碎谷物的小碎石一样，是用来帮助弄碎食物的。海狮最喜欢吃的乌贼、鱿鱼像橡胶似的，海豹常吃的甲壳类和贝类都有很硬的外壳，这些食物都不好消化，胃里有了石头，有利于将食物弄碎，促进消化吸收。

还有一种解释是，海狮和海豹吞石，是为了打掉胃里讨厌的寄生虫。海狮和海豹都会受到绦虫和线虫的折磨，它们用胃里的石头把这些寄生虫磨烂。不过，绦虫一般是寄生在小肠中，线虫除寄生于胃部外，还寄生于肠、肺、肝、眼、肌肉、皮下组织等处，胃里的石头对寄生在其他器官和组织中的线虫和绦虫不会有什么作用，因而这一说法也难以使人信服。

海狮和海豹是不可能把吞下去的石头消化掉的。石头在发挥了作用之后，不是通过肠道和肛门排出，而是由胃中上返到口里吐掉，然后它们再吃进新的石头。因而有人认为，海狮和海豹吃石头只是为了填饱肚子，以解饥饿之苦。也有人认为，它们只是吃着玩，把吃石头和吐石头当做一种乐事。

到目前为止，对海狮、海豹为什么要吞石头这一现象，还没有一个令人信服的定论。

珊瑚礁失踪之谜

近几年来，科学家们发现海洋中出现了一种反常的现象——在太平洋和大西洋的广大海域中有一大批珊瑚礁神秘地消失了！

珊瑚礁是由珊瑚虫死亡后的骨骼形成的。珊瑚虫是腔肠动物门里的一个大家族，称为"珊瑚虫纲"，它们生活在温暖的海洋里，拥挤地固着在岩礁上。新生的珊瑚虫就在死去的珊瑚虫的骨骼上生长。它们有的生成树枝状，有的像一个个蘑菇，有的像人的大脑，有的像鹿角，有的似喇叭，颜色有浅绿、橙黄、粉红、蓝、紫、白等等，真是五花八门、五颜六色，非常好看。

珊瑚虫

珊瑚虫的触手很小，都长在口的旁边，海水流过时，触手将海水中的食物送进口中，然后在消化腔里被吸收。珊瑚虫有从海洋里吸收钙质制造骨骼的本领。老的珊瑚虫死去了，新的珊瑚虫又长了出来，就这样一代一代地繁殖下去，它们的石灰质骨骼也不停地积累下去，逐渐地形成了珊瑚礁。因此，珊瑚礁的存在，依赖于亿万个活着的珊瑚虫。一旦这些珊瑚虫大批地死亡，珊瑚礁本身也就会失去生机，在海水的冲击下，会逐渐分化、瓦解，以致消失。

但是，为什么珊瑚虫会大批地死亡呢？

有的专家认为，海水污染是珊瑚虫大批死亡的主要原因。据科学家的观察研究，有一种海藻类植物总是伴随着珊瑚虫一起在珊瑚礁里生活。海藻可以从珊瑚虫那里获得所需要的二氧化碳，而珊瑚虫则可以从海藻身上得到氧、氨基酸和碳水化合物。但当珊瑚礁附近的海水被污染以后，海藻就无法继续生存和繁衍。一旦海藻消失，与海藻共生的珊瑚虫也随之死亡，于是引起了珊瑚礁的瓦解、消失。

但有的专家提出了不同的看法。他们人为，珊瑚礁消失的原因，不是由于污染，而是由于气候变化所引起的。因为在一些没有受到污染的海域，也发生了珊瑚礁消失的现象。实验表明，海水温度在26℃左右时，最适合珊瑚虫和海藻的生存。而发生厄尔尼诺现象时，由于气候异常，引起海流发生异常，使某些海区海水温度骤然升高，有的海区水温可超过30℃，珊瑚虫和海藻不能适应这样高的水温而导致死亡，珊瑚礁也随之而消失。

珊瑚礁大量消失之所以引起人们的关注，是因为珊瑚礁可以为鱼类和其他海洋生物提供较为理想的栖息场所，还可以保护海岸地区不受到海浪的冲击。所以，有关的专家正在进一步地调查研究，以便解开珊瑚礁消失之谜。

海岛巨龙之谜

几个世纪以来，人们一直传说在印度尼西亚的科摩多岛上有一种"巨龙"。它力大无比，尾巴一摆能击倒一头牛；它的胃口非常大，一口气能吃下一头50多千克重的野猪。而最令人不解的是，它的口中能够喷火！

1912年，一位荷兰飞行员由于飞机发生故障，被迫将飞机降落在科摩多岛。在岛上，他见到了那种传说中的动物。不久，他返回驻地爪哇岛，写了一份关于发现一种怪兽的报告，说是在科摩多岛的确有当地人传说中的怪兽，但它们不是"巨龙"，而是一种巨大的蜥蜴。

荷兰飞行员的报告引起了人们的兴趣。一位名叫安尼尤宁的荷兰军官登上了科摩罗岛，打死了两头怪兽，将两张完整的兽皮运到了爪哇。其中一张兽皮长达3米。经科学家们鉴别，确定是一种巨型蜥蜴，并把这种巨型蜥蜴命名为"科摩多龙"。

无独有偶。第一次世界大战结束不久，古生物学家在澳大利亚发现了科摩多龙的化石，经测定，是6000万年前的史前生物。同时，地质学家发现，科摩多岛是海底火山喷发形成的海岛，形成时间不到100万年。

这两个发现，使人们陷入了迷宫：科摩多岛诞生以前，澳大利亚的这种科摩多龙早已经灭绝。那科摩多岛上的巨蜥是从哪里来的？它们怎么能够活到今天？难道它们真是从天而降的"龙"吗？几千万年以来，它们是怎样生活的呢？这在当时成了一些难解的谜。

为了解开科摩多龙之谜，1962年，前苏联学者马赖埃夫率领的探险队，在科摩多岛实地考察了几年。在发表的考察报告中说，科摩多龙体长可达3米，它们有令人恐怖的巨头，两只闪烁逼人的大眼，颈上垂着厚厚的皮肤皱褶，尾巴很长，四肢粗壮，嘴里长着26颗长达4厘米的利齿。远远望去，能看到它们口中不停地喷火,但走近一细看,那口中喷出的"火",不过是它们的舌头。它们的舌头鲜红,裂成长长的两片,经常吐出口外,乍一看,的确像熠熠闪动的火焰。

科摩多龙以海岛上的野鹿、猴子、鸟、蛇、老鼠和昆虫为食。它们会游泳,当然也会下到海边捕食一些海洋生物。它们生性不好动,很少追捕猎物,多采用"伏击"的办法猎食,待猎物靠近,猛地用尾巴一扫,将猎物击倒,然后扑上去将其咬住、吞下。科学家们看到一头科摩多龙把一只野猪击倒后,竟像吃肉丸子似的一口吞下。在捕捉长尾猴时,科摩多龙便潜伏在灌木丛中,待猴群靠近,"龙"会突然蹿进猴群,乘众猴被吓得呆若木鸡,举起尾巴猛扫,猴子们被纷纷击倒,一眨眼工夫,一只猴子已成了巨龙的腹中物了。

如今,人们已解开了科摩多龙的许多疑谜,如雌性龙每次可产5枚~25枚鹅蛋似的卵,8个月后小龙便破壳而出,它们的寿命为40年~50年。

但是,对于这种巨龙,至今仍有许多尚未解开的谜。例如,在自然界,有生必有死,而科摩多龙却只有生者,不见死者。人们走遍整个海岛,也未见过一具科摩多龙的尸体,就连一根残骨也没找到。难道是死者被生者吃掉了吗?可它们对任何动物尸体都厌而不食,怎么会偏偏吃自己同类的尸体呢?还有,科摩多龙的祖先是在澳大利亚发现的,它们是怎么来到科摩多岛的呢?尽管它们会游泳,但大海汪洋,水路漫漫,要游过这样遥远的距离,是难以想象的。

至今,神秘的科摩多龙仍然在科摩多岛上生活着。一些有兴趣的科学家,仍在继续探索这种海岛巨龙之谜。

噬人鲨不吃身边小鱼之谜

　　噬人鲨也许是鱼类中最凶猛残暴的了。因为它皮肤色白，最爱向人发起攻击，不少沿海地方的居民都称它是"白色死神"。噬人鲨个头很大，体长一般为 7 米 ~8 米，也有长达 12 米的。它的牙齿很特殊，属于多出性牙系，假如咬碎坚硬的东西时将牙齿折断了，会重新长出新牙来，如果再一次折断，还会再一次长出，一生中可以 6 次长出新牙来。还有，它的牙齿有好几排，最多的可以达到 7 排。这些牙齿不仅非常锐利，而且可多达 1.5 万颗！

　　噬人鲨能在海中称霸，还在于它有一个功能极佳的肚子。它不需要每天吃东西，经常是三四天才饱餐一顿。这是由于噬人鲨的腹内有一个像胃似的

噬人鲨

"袋子"，这就是它的食物贮藏室。如果它吃饱之后又遇上一只海豚，它绝不会因为肚子已饱而将海豚放走，它会毫不犹豫地把这大家伙吞下肚，贮存在"袋子"里，当它饿了的时候，再把海豚转移到胃里。"袋子"里可贮存三四十条一斤多重的鱼，十几天甚至一个月都不会坏。噬人鲨生性贪婪，当它肚子很饿而"袋子"里又没有库存的时候，会在游过的路上把遇到的东西统统吞下。所以，噬人鲨的"袋子"就像个杂货店，里面什么都有，玻璃瓶、皮鞋、罐头盒等等，应有尽有。这种饥不择食的习性有时会使它们送命。例如，有一艘军舰发出了一枚深水定时炸弹，这枚炸弹刚刚扔下海，突然蹿过来一条噬人鲨将炸弹吞进肚里，不一会儿，水下响起了轰隆声——炸弹在噬人鲨肚子里爆炸了。

在噬人鲨的生活中还有一个奇特的现象，当它在水里游动时，身边经常有许多小鱼，像是它的侍从。这是一些身上有条带状纹的鱼。过去有些科学家认为，这些小鱼跟随噬人鲨是为了吃它剩下的残渣。但后来发现，这些鱼都是自己单独找东西吃的。原来，小鱼们伴随着噬人鲨，既不是充当侍从，也不是等着吃残渣剩饭，而是借着主人的威风来躲避其他敌害的袭击。然而奇怪的是，噬人鲨生性贪婪残暴，但它对身边的小鱼却很友好，经常形影相随，无论它怎样饥饿都不去吃这些小鱼。噬人鲨为什么不吃身边的小鱼？这是一个仍然未能解开的自然之谜。

深海奇鱼生存之谜

潜水员曾在 8 000 米以下的水层，发现仅 18 厘米大小的新鱼种。这些十分柔弱的生命，首先要经受起数百个大气压力的考验。就拿人们在 7 000 多米的水下看到的小鱼来说，实际上它要承受 700 多个大气压力。这就是说，这条小鱼在我们人手指甲那么大小的面积上，时时刻刻都在承受着 700 千克的压力。这些小鱼为什么能生存下来呢？

其实深海鱼类为适应环境，它的身体的生理机能已经发生了很大变化。这些变化反映在深海鱼的肌肉和骨骼上。由于深海环境的巨大水压作用，鱼的骨骼变得非常薄；而且容易弯曲；肌肉组织变得特别柔韧，纤维组织变得出奇的细密。更有趣的是，鱼皮组织变得仅仅是一层非常薄的层膜，它能使鱼体内的生理组织充满水分，保持体内外压力的平衡。这就是深海鱼类为什么在如此巨大的压力条件下，也不会被压扁的原因。

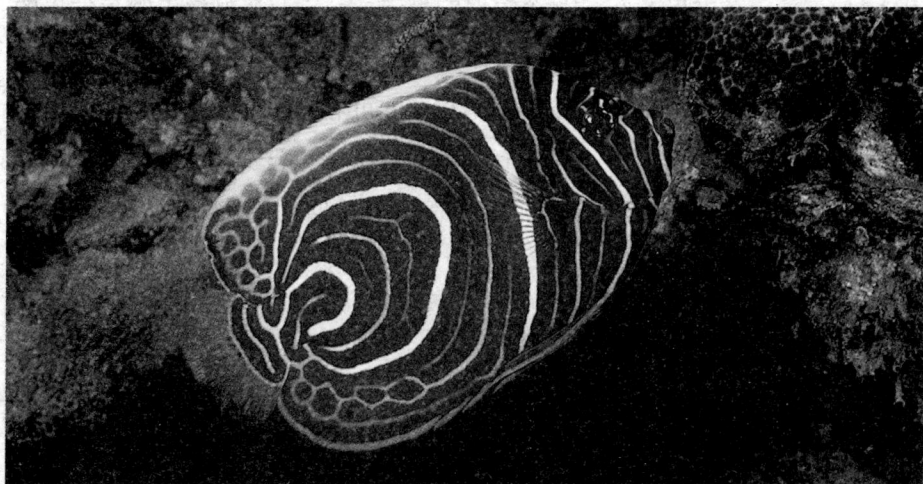

深海鱼

鱼类发声之谜

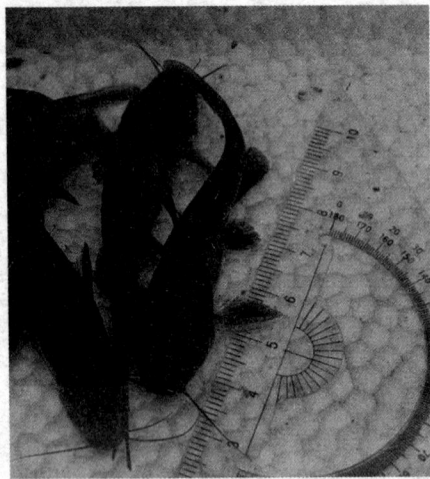
鲶鱼

鱼类的声音主要有摩擦声、鱼鳔振动声和游动时产生的流体动力声。许多鱼在咬啮、从岩石上剥下食物、摇动鳍部或摩擦咽部凸起部分时，都发出锉磨声，其主要频率为 100 赫~4 000 赫。大部分鱼类都有特别的肌肉和鳔连接或长在一起。这些肌肉振动时，引起鱼鳔振动而发声。栖息在中国沿海的石首科鱼类都会发声，其群体发声具有明显的季节性和昼夜节律。其中，以发声著称的大黄鱼，通常发出短促的敲击声（0.1 秒），或连续发出 5 个~10 个短促的敲击声，听起来好像击蟾鱼发出的叫声，基频为 200 赫~300 赫，持续时间较长（0.5 秒），通常类似于汽笛声。不同鱼类发出的声音，频谱和波形都不相同，可利用来判断发声的鱼类。蟾鱼和黄鱼的某些叫声和产卵有关，有些则是在求偶、攻击、防御或受惊时发出的。鱼类在游泳中，特别是骤然变速或变向时，也会发出频率很低的声波。

鱼类的演化

鱼类，作为地球上最古老的脊椎动物的一个类群，其漫长的演化历史一直是众多的生物学家感兴趣的问题。鱼类的出现，标志着从低等、原始的无脊椎动物向脊椎动物进化的一个质的飞跃；鱼类的发展、演化又提出了脊椎动物进化的明显谱系。一切高等动物，两栖类、爬行类、鸟类、哺乳类，甚至我们人类自身都是在此基础上发展而来的。

研究古生物通常以化石材料为根据。科学家通过放射性同位素来测定岩石的绝对年龄，并划分成不同的地质年代。这些地质年代中保存下来的古生物，记录了当时的环境条件和生物信息，经过千万年的沉积，形成化石，成为研究地质历史和生物进化史的根据。

鱼类的化石并不十分丰富，但它们依然能够展示出古今各种鱼类发生、发展的过程。

最早的鱼类化石沉积在寒武纪和奥陶纪的岩石里，距今已有大约 4 亿年的历史了。通过对岩石的研究，人们知道这种最早的鱼类生活在咸水环境里，或者说是生活在海洋中。它们的身体外面披有铠甲一样坚硬的外骨骼。这些原始的鱼类浑身布满了硬甲，具有扁平的前背甲。由于它们没有颌，所以被称为无颌类。它们可以说是最古老的鱼类，因为穿了甲胄，它们无疑地不能过游泳生活，只能生活在水底沉积物中。应该说，它们是一群不会游泳的鱼类。无颌类的内骨骼没有被保存下来，所以科学家们推测它们具有软骨骼，像现在我们见到的软骨鱼类鲨鱼和鳐鱼一样。

大量完整的无颌类化石是在泥盆纪找到的，泥盆纪可算鱼类初生时代。中生代的侏罗纪和白垩纪（距今约 1 亿 6 千万年 ~ 1 亿 3 千万年），是鱼类中兴时代。新生代时，各种古今鱼类共存于海洋和地球上的其他水域，鱼类家庭达到全盛。

　　在无颌鱼类的基础上，最早的有颌鱼类也发展了。最初的颌是由几个硬骨鳃弓改造过来的。鳃弓最初埋在肌肉里，在进化过程中，颌与头部背甲融为一体，从而形成了一个更坚固、更有效率的进食器官——咀嚼器。

　　原始有颌类也称作盾皮鱼，它们在泥盆纪盛极一时，但到泥盆纪末已大部灭绝了。一般认为，软骨鱼类和硬骨鱼类都是由盾皮鱼演化来的，它们分别朝不同的方向发展。但尚未找到十分清楚的证据证明这个推论。一些盾皮鱼仍具有扁平的身体，像它们的祖先一样；但是大多数都变成流线型，甲胄也减少了。这种变化使它们获得了很强的游泳能力。软骨鱼类也脱去了沉重的甲胄（但仍有背板的痕迹），发展出更加强劲有力的适于游泳的肌肉组织。有些科学家认为，软骨鱼类是"原始"鱼类，但它们是否真正地比硬骨鱼原始，还有待证实。

　　有关脊椎动物颌的发生与进化的研究，是从上个世纪进行的胚胎学研究开始的，它揭示了进化中的一个重要过程。颌的出现，说明动物的某个新的重要的特征的出现可以使一个类群的生活领域扩大到以往不能生活的地区。这以后，鱼类得到了迅速扩展，成为今日最普遍的游泳生物类群。

　　硬骨鱼最初生活在淡水里，后来逐渐向海洋伸展，终于成为海中鱼类的优势类群。在进化过程中，它们产生了内部硬骨骼，把僵硬的甲胄变成了薄薄的鳞片，从而使动作敏捷灵活，提高了运动速度。

　　硬骨鱼有两个类群，其中辐鳍鱼类在数量和种类上都大大超过另一种鱼——内鼻孔鱼类。内鼻孔鱼类包括一些形态和构造都很特殊的原始种类。它们具有内鼻孔构造，可以把嘴闭上而并不影响呼吸。

　　内鼻孔鱼类今天能见到的只有肺鱼和矛尾鱼。矛尾鱼隶属空棘目腔棘纲。它被誉为活化石，在1938年以前一直被科学家们认为是已经灭绝了的种类。第一尾矛尾鱼是1938年被一名渔民在非洲东南海岸捕到的，这一发现轰动世界。以后又陆续捕到，证实这一古老鱼类仍生活在现代的海洋里。腔棘鱼的重要特征是，鳍成叶状，具有肌肉，并有相连的辐棘，从而使一些鱼可以在陆地上爬行。它们与两栖类有密切的亲缘关系，人们认为两栖类就是从此演化而来的。

鱼类的体形

　　各种海洋鱼类要生活下来，不被大自然所淘汰，就要适应海洋环境。海洋环境改变了鱼类的习性，也改变了鱼类的体形。所以，海洋鱼类体形各异，形态多样。

　　鱼类体形大致可分为纺锤形、侧扁形、短体侧扁形、平扁形、球形、圆筒形等。其中，纺锤形鱼占大多数，如金枪鱼、黄鱼、鲨鱼等，它们具有发达的肌肉，游泳速度较快，纺锤形是适应游泳的体形。

翻车鱼

　　侧扁形的鱼类也有许多种，最为典型的是翻车鱼。这种鱼生长在温暖海域里。它的头特别大，身子和尾巴又极小，看上去好似身体后半截被截断了。它的胸鳍很小，而臀鳍和背鳍又很长，远看就像孩子们玩的"灯笼"。翻车鱼的皮质粗糙，据说鲨鱼不愿吃它，就因为它的皮质粗糙。但翻车鱼坚韧的组织弥补了它行动迟钝的不足。平时，它就用背鳍和臀鳍划水，或者干脆随波逐流，追捕其他鱼类。

　　栖息于热带珊瑚礁中的蝴蝶鱼具有短体侧扁形的体形。它的体色鲜艳美丽，行动敏捷灵活，在珊瑚礁生态群落中行动自如，宛如蝴蝶穿梭于繁花丛中。

　　体形平扁的鱼类有生活在海底的鳐、魟、鲽、鲆等。它们行动不太灵活，靠扩大了的胸鳍从前到后地上下波动，来推动身体前进。

　　刺鲀、真鲀身体长成球状，它们已不具有游泳能力，只能顺着潮水漂浮在海面上。一旦遇到危险，就迅速将身体膨胀起来，把刺张开，再凶恶的敌人也会望而却步。

　　圆筒形的鱼类有海鳗、海鳝等。这类鱼体表光滑、无鳞，十分黏滑，常被海下作业人员误认为是蛇。这种体形很适合在软泥和水草间游动。

　　体形怪异的鱼有海马、海龙等，尤其是海马。它长了一个"马头"，全身披有环状骨质板，表面生有棘一样的膜状突起，细长的尾巴能伸能屈，可以使身体前进。平时它就用尾巴缠在水草上休息。海马是用鳃呼吸，用鳍游泳的脊椎动物，所以它仍是鱼类。

第一条鱼

　　从地球上的第一条鱼发展到目前脊椎动物中最繁盛的类群，比较恐龙等爬行动物大起大落的发展史，鱼类的演化看起来是那样的漫长而又波澜不惊。其实，这个过程中隐含着脊椎动物进化历程中两次重大的革命，颌的出现与登陆的发生。古生代海洋中笨重的游泳者里发展出了两个大分支，一支进一步适应于水中的生活，并最后进化为今天的各种鱼类，成为地球水域的彻底征服者；另一支则离开了水域，向生活条件更多样化、更富于挑战的陆地发展，成为今天的四足动物。

　　生物的进化有一条规律，就是形态级别愈高，进化就愈快。随着寒武纪的来临，生命之火逐渐形成了燎原之势。在广阔的海洋里，不仅生活着细菌、蓝细菌以及单细胞、群体细胞或多细胞植物，生活着单细胞动物和海绵、腔肠动物、蠕虫等多细胞无脊椎动物，而且还生活着体壁由三胚层构成的动物，它们是越来越高等的无脊椎动物，如苔藓动物、腕足动物、软体动物、节肢动物和棘皮动物等。它们有的在水中漂浮，有的固着海底或在海底爬行，生物爆发式繁荣昌盛的局面出现了。时值古生代开始时期。

　　1999 年 11 月 4 日，国际著名的科学杂志之一——英国的《自然》杂志发表了一篇由中国学者撰写的，在学术界引起了强烈轰动的研究论文。文章报道了在我国早寒武纪澄江生物群中发现的迄今所知最早的脊椎动物——昆明鱼和海鱼。同期杂志发表了一位法国学者以《逮住第一条鱼》为题的评述：来自中国的这一重大发现表明，"脊椎动物在早寒武世就已经开始了分化"。地球下的第一条鱼被找到了！

　　澄江县距昆明市 63 公里。1984 年 6 月，中国科学院南京地质古生物研究所侯先光独自一人来到澄江帽天山进行古生物考察，发现一些保存完好、形状奇特的无脊椎动物化石。随后，侯先光、陈均远等 10 多位科学家来此，对各化石点进行系统发掘和研究，共采得古生物化石 5 万多块，有 80 多个物种，分属 40 多个门纲。这一发现震惊世界，被称为 20 世纪最惊人的发现之一。

澄江动物群为什么会引起人们极大的关注，主要原因是澄江动物群不仅门类繁多，保存非常完整，而且科学意义也十分重大。1946 年，在澳大利亚距今约 6 亿年前的前寒武纪晚期地层中，发现了举世闻名的伊迪卡拉生物群化石，主要有水母、海腮和蠕虫类等。1909 年，在加拿大距今约 5.1 亿年前的寒武纪中期地层中发现的布尔吉斯动物群化石，是一些较高等的后生动物，如节肢类、微网虫类、曳鳃类和腔肠类等新的门类。而澄江动物群的发现，使人们认识的化石从原来的 20 多个门类一下子猛增到 40 多个门类，轰动世界，澄江帽天山被联合国列为科学遗址。伊迪卡拉生物群和布尔吉斯动物群间隔时间为 8500 万年，两者之间一直没有过渡类型的化石证据。澄江动物群正好处于这两个化石群中间，承前启后。此外，澄江动物群中的许多种类虽然早已绝灭，但是有很大一部分继续演化至今，构成了现生生物的多样性。也就是说，现代动物的重要门类在澄江动物群中都可以找到它的祖先。

达尔文的进化论是否仍然适用于澄江动物群表现的"生命大爆炸"问题，目前存在分歧意见。一种意见认为，数百万年对于 46 亿年的地球史来说是短

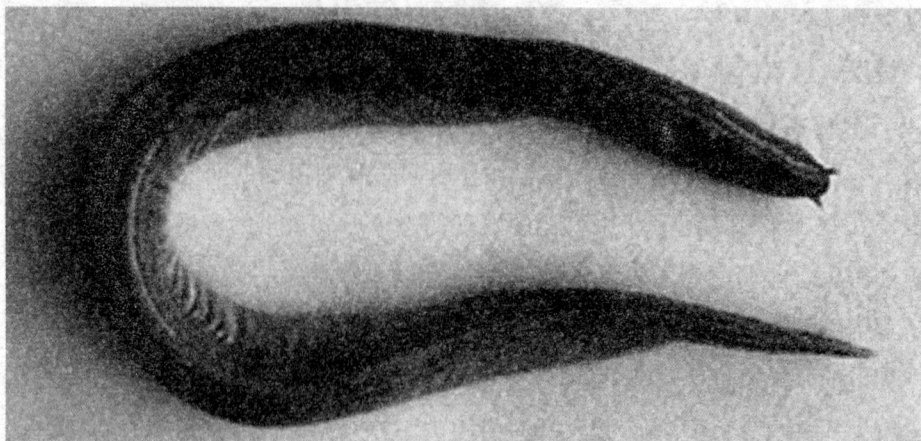

电鳗

暂的，因此说，地层中出现门类众多的澄江动物群化石是大灾变的结果，并以此对达尔文的学说提出质疑。另一种意见则认为，寒武纪生命大爆炸是一种自然现象，它符合达尔文关于自然选择通过变异遗传，推动生命由低级向高级，由简单向复杂进化的自然规律。只是由于地层中化石记录的不完整性，人们对于"怀胎"的真相至今还没有认识而已。

昆明鱼和海口鱼是我国学者于1998年在昆明滇池附近海口的早寒纪地层中发现的。这两种无颌脊椎动物形态相似，皆呈鱼形，长约3厘米。它们已经有了头的分化，保存了鳃囊构造颌"之"字形的肌节。像盲鳗和棋鳃鳗一样，它们全身裸露，还没有披上外骨骼。这一事实表明现生无颌类还没有外骨骼并不是由于次生退化，而是一种原始特征。现生无颌类仅有盲鳗和七鳃鳗两大类，约50种，但在早古生代的海洋中，它们的数量和种类繁多，是真正的海洋霸主。

"活化石"拉蒂迈鱼

1938 年 12 月 22 日，在南非小镇东伦敦海港的一条渔船上，一位在当地博物馆工作的年轻女孩拉蒂迈仔细地挑拣着海洋生物标本，突然她眼睛一亮，一个上世纪生物学上最富有传奇色彩的海洋探险故事拉开了序幕。

让拉蒂迈小姐兴奋的是一条全身闪耀着逼人蓝光的怪鱼。与所有现存的鱼类不同，这条鱼身上覆盖着坚硬的鳞片，其肉质肢体状的鱼鳍，很容易让人联想到陆生脊椎动物的四肢。

拉蒂迈把鱼运回了博物馆，请人鉴定，可谁都不认识，博物馆客座鱼类学家史密斯博士又恰巧外出度假。圣诞节前夕的南非天气炎热、潮湿，鱼身美丽的蓝色开始褪成褐色，如何保存这条大约 1.5 米长的怪鱼成为一个棘手的问题。镇上只有太平间和食物冷冻库具有足以容纳这条大鱼的冷藏设备。

在请求帮助都遭到婉言拒绝后，拉蒂迈找来了少许福尔马林，用它将报纸浸湿后包裹鱼身，以延缓鱼体的变质。

12 天之后，拉蒂迈的信终于到了史密斯的手中。透过拉蒂迈所画的粗略素描，史密斯一眼就认出，这是一类生活在远古时代的鱼——空棘鱼，它们在大约 6500 万年前就同恐龙一起灭绝了，人们对它们的了解也仅限于留在岩石上的片断记录。史密斯简直不敢相信自己的判断，立即拍电报给拉蒂迈，让她精心保管标本。遗憾的是，史密斯担心的最坏情况已经发生了。蓝色的怪鱼已成为一具剥制标本，只保留下来皮肤和内部骨骼，而内部器官与组织都作为垃圾倾入印度洋中去了。

这条鱼后来被命名为拉蒂迈鱼。空棘鱼"起死回生"的故事，很快在全世界掀起波澜，英国《自然》杂志在报道这一发现时，开篇用了古罗马博物学家普林尼的一句话："非洲总是可以发现新东西。"第一条拉蒂迈鱼是在南非查朗那河河口外捕获的，当地水深约 70 米。为了寻找第二条拉蒂迈鱼，史密斯夫妇花费了整整 14 年时间，走访了非洲东海岸所有的小渔村，并四处悬赏。1952 年，又是一个圣诞节前夕，拉蒂迈鱼在科摩罗群岛终于再次现身。为了尽快获得这条鱼，史密斯甚至惊动了当时的南非总理，动用军用直升机，最后还差点引起南非与法国间的纠纷，因为科摩罗当时是法国殖民地。以后在科摩罗海域有近 200 条拉蒂迈鱼被捕获。科摩罗政府赠送给中国 4 条，分别收藏在中国科学院古脊椎动物与古人类研究所中国古动物馆、中国科学院水生生物研究所标本馆、上海自然博物馆和北京自然博物馆。1997 年，在距科摩罗有半个地球远的印度尼西亚，拉蒂迈鱼再一次被蜜月旅行中的美国青年尔德曼偶然发现，拉蒂迈鱼的地理分布也成为新的需要解答的谜团。

有关追踪拉蒂迈鱼的故事很多，每一位见过拉蒂迈鱼的人，都会被它深深吸引。是拉蒂迈鱼把我们带回到逝去的年代，告诉我们 4 亿年前我们的祖先是什么模样，它们在水中是怎样生活的。

大约 4.1 亿~3.8 亿年前，地球上最高等的动物是在水中漫游的肉鳍鱼类，包括人类在内的四足动物就是从这类鱼中演化而来的。肉鳍鱼类与形态各异、种属繁多的辐鳍鱼类，同属于硬骨鱼纲中两个独立的亚纲。肉鳍鱼类虽然直接关系到四足动物的起源，然而现生种类却非常有限。在拉蒂迈鱼被发现之前，我们只知道 3 种生活在南半球的肺鱼，其他资料都来自化石记录。空棘鱼是肉鳍鱼类中非常保守的一个支系，在演化的历史长河中，它们的体形几乎没有太大的改变。这也是史密斯根据一张草图就能辨认出拉蒂迈鱼是空棘鱼，并称它为"活化石"的原因。

骨鳞鱼

距今约3.5亿年到2.2亿年前的这一段时间里，两栖动物在地球上曾经盛极一时，成为那个时期的统治者。

鱼石螈的发现证明两栖类是由鱼类进化来的。但是到底哪一种鱼才能进化成两栖类呢？要解决哪些问题，鱼才能离开水到陆地上生活？

鱼石螈出现之前，地球上曾生活过一种非常特殊的鱼——骨鳞鱼，属于总鳍鱼类。它们不仅有外鼻孔，还有一对在口腔内开口的内鼻孔，两者相通。以后出现的陆生脊椎动物也有这样一对内鼻孔，空气由外鼻孔经过嗅囊通过内鼻孔最后进入到肺。内鼻孔的存在说明骨鳞鱼已有肺的结构了，当然它们也具有鳃，所以骨鳞鱼有两套呼吸装置。当它们偶尔将头露出水面时，就用肺进行呼吸。尽管用肺呼吸的机会不多，却为陆生脊椎动物在空气中自由呼吸奠定了基础。骨鳞鱼生活的时代，气候炎热，气温很高。大量生物死亡腐烂后使水质混浊，水域环境恶劣，一些鱼因氧气不足而难以生存。而骨鳞鱼因能够暂时离开水生活，肺得到锻炼，结构更加完善，功能逐渐增强。

骨鳞鱼还有一个特点，即它的偶鳍内部骨骼的排列方式，大致与哺乳类四肢骨骼排列相似。比如胸鳍，肩胛骨下有一块较大的骨头可能与肱骨相当；

骨鳞鱼

再往下还有两块骨头又相当于尺骨与桡骨。这种骨骼的排列方式非常有利于把身体支撑起来行动。并且由于腹部不用再贴到地面上，给肺部活动扩大了空间。

此外，骨鳞鱼牙齿的结构和头上骨片的排列方式，以及脊椎的结构等，都与低等陆生四足动物相似，由此看来，骨鳞鱼已具备了登陆的最基本条件。

那么，引导骨鳞鱼登上陆地的因素有哪些呢？美国著名生物学家罗美尔教授认为，正是由于骨鳞鱼想获得更多的水分，反而使它离开了原来的水域环境。

根据这个设想，在3.5亿年前，骨鳞鱼曾经受到极度干旱环境的威胁，于是它们依靠能在空气里进行呼吸的肺，和能用来缓慢爬行的偶鳍，离开原有环境，爬上陆地去寻找新的水域，新的家园。从某种意义上来说，它们成功了，不仅自身的结构逐渐适应了陆地生活环境，还发展进化出今天众多的陆生脊椎动物。鱼石螈就是这个过程中最早最具代表意义的种类。

戴盔甲的甲胄鱼

脊椎动物虽然在距今 5.3 亿年的早寒武纪就已出现，但很长一段时间里，这些全身裸露的原始鱼形动物并未得到发展，古海洋中仍然是无脊椎动物的天下。距今 4.4 亿年的奥陶纪末期，由于大规模的冰川活动，地球上发生了一次生物大灭绝事件。躲过这场浩劫的古鱼类在志留纪时开始了分化，泥盆纪时达到了演化的鼎盛时期。因此，志留纪和泥盆纪被称为"鱼类时代"。

在 4.3 亿年前的志留纪，最早分化的是甲胄鱼类。这是一些全身披上"甲胄"的古鱼类。当然，这里所说的"甲胄"，并非古代将士戴在头上的头盔和披在身上的金属护身衣，而是一种含钙质成分的骨质甲片。甲胄鱼类属于脊椎动物的最原始类型——无颌类，它们还没有演化出上下颌，没有骨质的中轴骨骼或脊柱，通常靠滤食海洋中的小型生物或微生物为生，有时候可以吮食大型动物的尸体，主动捕食能力非常差。

甲胄鱼类主要包括三个大的演化支系：骨甲鱼类、异甲鱼类和盔甲鱼类。前两个支系分布在欧洲、北美和西伯利亚等地，而盔甲鱼类为中国和越南所特有。盔甲鱼类身长一般不超过 30 厘米，一块完整的盾状甲包裹着头的背面，并折向腹面形成腹环。眼睛长在头甲的背面或侧面，鼻孔有细长形的、横椭圆形的和心形的，大小不等，但无一例外在头甲的背面口与数目不等的鳃孔则长在头的腹面。有的头甲还"装备"很长的吻突，可以用来进攻、恐吓其他动物，或者用来挖掘水底的淤泥。盔甲鱼类有一个尾鳍，但没有成对的胸鳍或腹鳍。它们是一种底栖的脊椎动物，生活在滨海或与海相连的河口之中，迁徙能力很差，可以为恢复古地理环境提供重要证据。过去根据古地磁、古生物等证据，曾认为华南与华北两个板块相距十分遥远。但盔甲鱼类的化石记录表明，在大约 4 亿年前，华南板块（包括越南北方）、塔里木板块和华北板块相互之间已经靠近，它们共同组成了一个华夏早期脊椎动物地理区系。

从无颌类衍生出来的是有颌脊椎动物，包括4个大的类群，即盾皮鱼类、棘鱼类、软骨鱼类和硬骨鱼类。颌的出现是生命史中的一次革命性的事件。由鳃弓演变过来的上下颌提高了鱼类的取食和咀嚼功能，因而增强了它们的生存竞争能力。

以恐鱼为代表的盾皮鱼类也是一种戴盔披甲的鱼类，泥盆纪时曾盛极一时。3.6亿年前的古海洋中，身长10米的恐鱼是一个巨无霸。它的头和躯干的前部都披有厚重的"甲胄"，甲胄长度可达3米。上下颌强壮的骨板，形成了剪刀式的锐利刀刃。凡是被恐鱼捕捉到的其他鱼类，都很难逃脱被吃掉的厄运。

盾皮鱼类笨重的甲胄虽然可起到自我保护作用，但付出了灵活性降低的代价。在生命史中，盾皮鱼类虽成为了泥盆纪古海洋的主宰，但终究是昙花一现，在3.5亿年前泥盆纪结束的时候，与它们的祖先甲胄鱼类一道全部退出了演化的舞台。

棘鱼类是另一类古老的鱼类，长得像黄花鱼，个体也不大，体长不超过30厘米。它的鳍非常特殊，与任何鱼类的鳍都不一样，所有鳍叶的前方都有一根相当强壮的鳍刺，其上还有像雕刻出来的纵向花纹。沿身体的腹侧，在胸鳍和腹鳍之间，还有几对附加的小鳍，同样由鳍刺支持。"棘鱼"的名字也由此而来。棘鱼类始终没有真正发展起来，在4亿年前曾达到其演化的顶峰，之后逐渐衰落，到2.7亿年前的古生代末期全部灭绝。

软骨鱼类和硬骨鱼类是有颌类中获得成功的两个大的支系。软骨鱼类包括各种鲨类和鳐类，中国4.3亿年前的志留纪地层中，曾发现最早的软骨鱼类化石。硬骨鱼类是今天地球上水域的统治者，现在已经到达了它们演化历史的极盛期。现生的脊椎动物大约有5万种，硬骨鱼类中的辐鳍鱼类就占了其中的一半。在鱼类繁盛的泥盆纪，硬骨鱼类还处于演化的早期阶段。这个时期，辐鳍鱼类的化石相对比较少。硬骨鱼类中的另一支——肉鳍鱼类倒是获得了辐射式的发展，并在3.6亿年前演化出了四足动物。

重归海洋的恐龙

2 亿多年前的三叠纪，中生代的霸主恐龙刚刚在陆地上诞生之前，那时候称霸地球海洋的已经是形形色色的海生爬行动物了。史前海洋中的爬行动物与现在的不同，不仅种类更为丰富，而且体形巨大，形状怪异。18 世纪西方的博物学家首次发现这些"巨兽化石"时，将其称为"海怪"，并做出各种各样古怪的复原。此后，海生爬行动物的化石始终是古生物学中的热点，并强烈地激发了公众的好奇心。

什么是海生爬行动物呢？顾名思义，就是生活在海洋中的爬行动物。它们能在咸水环境中生长、觅食，不经常进入淡水环境，但它们不一定在海洋中繁殖后代。现代海洋中仅有海龟、海蛇及其他少量爬行动物，而在中生代的海洋中则有鱼龙、鳍龙、海龙、沧龙等大名鼎鼎的动物，其中最负盛名的是鱼龙和蛇颈龙。

鱼龙是一类高度适应水生生活的已经灭绝的爬行动物。现存关于鱼龙最早的图片绘制于 1699 年，不过当时被当作了鱼。1708 年在德国也发现了鱼龙化石，但直至 1814 年，这批化石才被法国著名的比较解剖学家居维叶首先正确地鉴定为海生爬行动物。1719 年发现了第一条完整的鱼龙化石，当时认为这是在"大洪水"中死去的海豚或鳄鱼。"鱼龙"这个词到 1818 年才由大英博物馆的柯尼希创造出来，以后被广泛接受并沿用至今。

鱼龙有着流线型的体形和桨状的四肢，与海豚外形有些相似。居维叶曾说，鱼龙具有海豚的吻部、鳄鱼的牙齿、蜥蜴的头和胸骨、鲸的四肢和鱼的脊椎。鱼龙嘴巴长而尖，上下颌长着锥状的牙齿，整个的头骨看上去像一个三角形。头两侧有一对大而圆的眼睛，眼睛直径最大可达 30 厘米，而现生脊椎动物中最大的眼睛是蓝鲸的眼睛，直径也才 15 厘米。因此鱼龙可以在光线暗淡的夜间或深海里追捕乌贼、鱼类等猎物。科学家估计，鱼龙可以下潜到海洋中500米的地方。鱼龙椎体如碟状，两边微凹，一条脊椎骨好像一串子被串在一条绳索上，尾椎狭长而扁平。

绝大多数爬行动物是卵生，把蛋下在沙子或窝里。鱼龙已经非常特化，没法上陆地下蛋了，那么它是如何繁殖的呢？直接把蛋产在水里吗？开始人们不知道答案，后来在德国南部的霍斯马登附近发现了肚子里有胚胎的鱼龙化石，人们才了解到鱼龙原来能够直接产下幼仔。在德国的这个侏罗纪的鱼龙"公墓"里，化石产出在黑色沥青质页岩中，连皮肤的印痕也保存了下来，因此人们能够准确恢复鱼龙的外貌。这里所有成年雌鱼龙体腔内的完整骨骼，除胃腔中的以外，都被认为是小鱼龙。人们已经发现有胚胎的鱼龙化石近百条，这些化石多数腹部保留有1条~4条胚胎化石，最多的达到12条。所有小鱼龙的化石都是在大鱼龙的下腹部位置发现的，这些小鱼龙的化石都十分完整，不像被消化后的食物那样骨骼七零八落。科学家们目前一致认定，鱼龙是产仔的动物，他们甚至找到了处于生产过程中的鱼龙化石。在这些标本上，小鱼龙的一半位于母亲的体内，另一半已经从产道滑出了体外。鱼龙分娩时，尾巴首先从母体中伸出，这和现在的鲸是一样的。作为用肺呼吸的海洋生物，头部先出生就意味着死亡。长期以来，这些标本一直被视为鱼龙同类相食的证据，但用这种"胎生"理论似乎比其他解释更容易为人们所接受。不过学者们至今还无法相信，海生爬行动物怎么在那么早就演化出了这种进步的繁殖方式。

在我国安徽早三叠纪发现的鱼龙，是已知时代最早的鱼龙之一。我国科学家在珠穆朗玛峰海拔4800米的地方，发现了三叠纪（2亿多年前）的鱼龙化石，是迄今为止海拔最高的脊椎动物化石。这足以证明当时那里还是一片汪洋大海，后来却抬升成了现在的世界屋脊。

蛇颈龙和上龙是人们很早就认识的另外一大类海生爬行动物。早在1604年，就有了第一张关于蛇颈龙骨骼化石的插图。随着越来越多的化石被发掘出来，1706年，英国牛津博物馆甚至出版了一本关于蛇颈龙的鉴定手册。蛇颈龙和上龙是相当成功的爬行动物，曾经广泛分布在侏罗纪和白垩纪的海洋中。蛇颈龙身体宽扁，配上长长的脖子，小小的脑袋，就像一只海龟的头装在长蛇身上似的。蛇颈龙脖子可达身体的一半长，体长可达 10 多米。所谓"尼斯湖怪物"就是按照它的模样编造出来，并引起过不小的轰动。但是事实证明，蛇颈龙确实在白垩纪时代末期就已经灭绝了。它们主要以鱼和菊石（一类中生代的软体动物）等为食。上龙是蛇颈龙的近亲，但它们的头很大，脖子比蛇颈龙短，牙齿很锋利。其中最大的种类体长可达 25 米，头部就有 5 米长，是侏罗纪时惟一一种体形与现代蓝鲸相仿的海生爬行动物，估计体重可能有 100 多吨。这种上龙可以进攻当时海里的任何动物。蛇颈龙和上龙有鳍状肢，科学家认为其游泳方式与海豹类似，鳍状肢向后划行，它们前进的轨迹很可能是一起一伏的波动。

由于从来没有发现过带胚胎的蛇颈龙或上龙化石，我们无从知道它们如何繁殖后代。这些动物的骨骼表明，它们还具有在陆地上爬行的能力，尽管这种能力十分有限；但是上龙体形巨大，对于它们来说，爬上海滩绝非易事，所以"胎生"是它们可能的一种繁殖方式。迄今为止，从未发现过上龙的蛋化石。蛇颈龙和上龙都属于鳍龙类，这类生物还包括三叠纪的肿肋龙类（如我国的贵州龙）、幻龙类（如欧龙）及奇特的楯齿龙类（如砾甲龟龙）。近几年，在我国贵州省发现了大量保存精美的鱼龙、鳍龙和海龙化石，它们都足以和欧洲著名产地的化石相媲美。

鳍龙类的生活时间几乎贯穿整个中生代，在早三叠纪就已经产生，到白垩纪末才灭绝。但是鱼龙却在晚白垩世刚开始时就消失了。这两个类群的祖先是谁？是什么原因造成了鱼龙在白垩纪中期的灭绝？现在这些问题都还没有答案，等待着人们去进一步探索。

喜欢跳高的鱼

不论是在湖里，还是在海边，经常可以看到有鱼跃出水面。鱼类为什么要跳出水面，所有的鱼都会跳高吗？其实，在鱼类中，并非所有的鱼都有跳高的习性。鱼类跳高的原因也很复杂。

有一种鱼叫"巨前口䲠鲼"，这种鱼身体很笨重，体长约 7 米，体重有 500 千克，可是它能作出一种旋转状的跳跃。跳出水面的高度有 1.5 米，由于它体态笨拙，落在水面的声音像开炮一样，几十米远都能听到。

喜欢跳高的鱼

　　再有就是鲑鱼，也是能跳的"选手"。尤其在生殖时期，更是心切，往往以每小时 50 千米的速度逆水而上，遇到浅滩一冲而过，遇到瀑布也一跃而上。它们的跳高，是由于身体内产生一种激素，使它们处于兴奋状态。

　　大海鲢生活在大西洋，它也能跳高。捕捉大海鲢，可不是件容易的事。即使大海鲢已经进到网里，它仍然能够跳出网而逃走，而一般网高有 1.5 米左右。大海鲢的跳高，既不是为了追逐食物，也不是有什么恐惧，它的跳高纯属体力相当充沛，而且有一种爱动的生活习性。

　　这里值得一提的是生活在古巴的一种跳高鱼，它能跳出水面 5 米多高。可算是鱼类中的"跳高冠军"了。

　　那么，这些鱼的跳法是怎样的呢？一般来说，鱼类先用尾部猛力击水，然后借高速游泳而向上方斜出水面，就能跳到空中。当鱼类在水中游动时，活泼自如，它可以任意往返拐弯。但是如果离开水而到密度较小的空气中，它就要费很大气力，才能跳得很高。

　　有些鱼之所以跳得较高，科学家们认为，这里面原因很多。一是由它自身的生理变化而引起的，到生殖期，鱼体内产生刺激素，使它处于兴奋状态，鱼就特别爱跳。另一个原因则是由于周围环境的变化而引起的，如躲避敌害的突然袭击，或突然受到惊吓要越过前进中的障碍，或遇见自己爱吃的动物，不惜一切地去追捕。至于鱼被捕后为什么会乱蹦乱跳，其原因很简单，那是因为鱼儿在水里游动时，它的身体必须要一伸一缩，摇头摆尾才能前进。当它骤然离开了自由运动的水下环境后，身体仍然在作着水下的动作；再说到了陆地上没有了阻力，所以它的摇头摆尾的动作更要加快。如果把它放在甲板上，那么它更会乱蹦一通了。